妈妈真棒！

趣味动物小百科

动物也吃奶

译●田秀娟

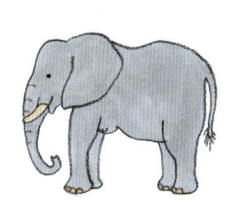

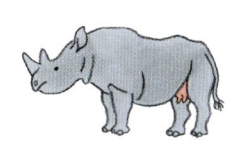

中国少年儿童新闻出版总社
中国少年儿童出版社
北京

目录

前言

什么是哺乳动物？ ………… 5
乳房为什么能分泌乳汁？ ….. 6
乳汁的营养 ………… 7
乳房的原始形态 ………… 8

第1章 有两个乳房的动物

大猩猩 ………… 10
犀牛 ………… 12
河马 ………… 14
大象 ………… 16
海豹 ………… 18
海獭 ………… 20
海豚 ………… 22
海牛 ………… 24
树懒 ………… 26
蝙蝠 ………… 28
树袋熊 ………… 30

第2章 有4个乳房的动物

熊猫 ………… 34
长颈鹿 ………… 36
北极熊 ………… 38
水獭 ………… 40
狮子 ………… 42
河狸 ………… 44
袋鼠 ………… 46

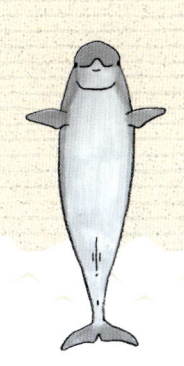

第3章 有6个或更多乳房的动物

狐獴 · · · · · · · · 50	野猪 · · · · · · · · 56
狼 · · · · · · · · · 52	水豚 · · · · · · · · 58
狐狸 · · · · · · · · 54	无尾猬 · · · · · · · 60
貉 · · · · · · · · · 55	

第4章 和人类一起生活的动物的乳房

牛 · · · · · · · · · 64	猫 · · · · · · · · · 68
猪 · · · · · · · · · 65	狗 · · · · · · · · · 69
山羊 · · · · · · · · 66	兔子 · · · · · · · · 70
绵羊 · · · · · · · · 67	仓鼠 · · · · · · · · 71

乳房知识小园地 · · · · · · · · 72

我是牛妈妈。我的宝宝也吃奶哦。

前言

什么是哺乳动物？

地球上生活着各种各样的动物。如果把相近的动物归为一类，人类属于哺乳动物。世界上大约有5500种哺乳动物。

哺乳动物和其他动物——昆虫类、贝类、鱼类、两栖类、爬行类、鸟类等动物，有一个显著的不同。那就是，哺乳动物有乳房。哺乳动物的妈妈用乳房分泌的乳汁喂养宝宝，这叫作哺乳。哺乳动物的宝宝是由妈妈分泌的乳汁喂养长大的。

乳房非常神奇，能以妈妈吃的食物为原料，制造出宝宝的食物——乳汁。所以，宝宝只要和妈妈在一起，就能依靠乳汁活下去。这是有利于生物延续的一个显著优点。

乳房为什么能分泌乳汁？

我们来看看乳房的内部构造吧。乳房内部有很多乳腺。乳腺，主要由分泌乳汁的乳腺小叶（牛的是腺泡）和输送乳汁的输乳管组成。输乳管的末端膨大、凸起，开口于乳头。

妈妈吃了食物以后，食物中的营养成分被身体吸收，进入血液。血液中的营养成分和一部分水分进入乳腺，成为乳汁。无论是人，还是牛，分泌1克乳汁，大约需要400克血液。妈妈要吃很多食物，还要动用身体中储存的营养成分，才能分泌乳汁。

乳汁的成分和血液的成分相似。不过，让血液成为红色的血红蛋白不会进入乳腺，所以乳汁不是红色的。乳房中充盈的乳汁，是婴儿生存下去必不可少的食物。

人的乳房

乳房
乳腺小叶
乳腺
输乳管
乳头
乳晕
乳腺周围充满脂肪

乳晕腺
这里会散发出特别的气味，婴儿会被妈妈身上的这种气味吸引，来叼住妈妈的乳头。

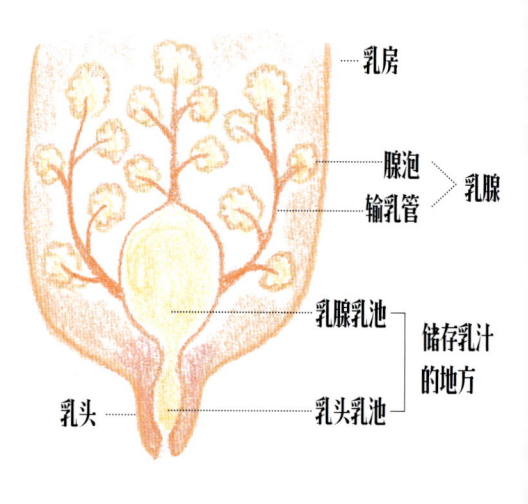

牛的乳房

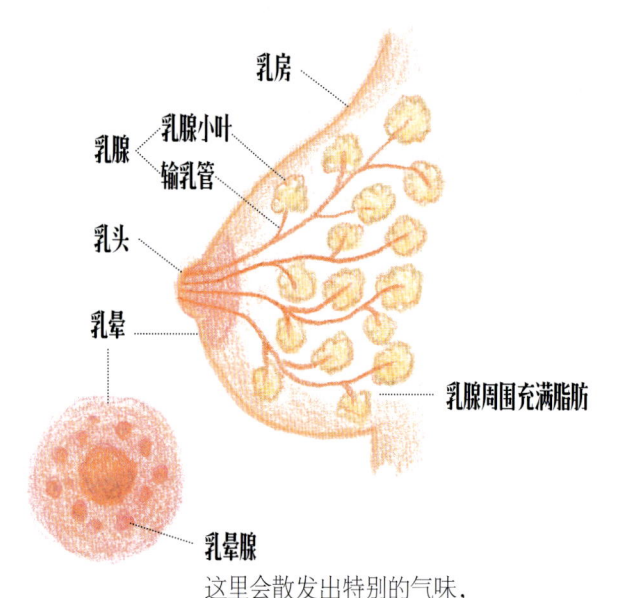

乳房
腺泡
输乳管
乳腺
乳腺乳池
乳头乳池
储存乳汁的地方
乳头

人乳汁的成分

人的乳汁中，12% 是营养成分，88% 是水分。营养成分中，蛋白质 9%、脂类 29%、糖类 60%、矿物质 2%，可见糖类含量非常高。

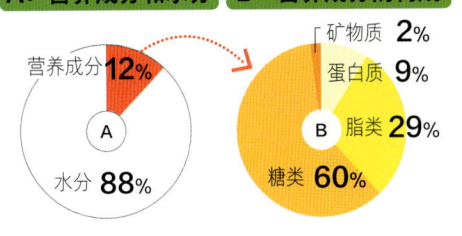

A：营养成分和水分
- 营养成分 12%
- 水分 88%

B：营养成分的构成
- 矿物质 2%
- 蛋白质 9%
- 脂类 29%
- 糖类 60%

刺激乳汁分泌的，是婴儿！

婴儿吮吸乳头，妈妈的脑部受到刺激，分泌催乳素、催产素等激素。

催乳素（刺激乳汁分泌的激素）

催产素（促使乳汁流出的激素）

蛋白质

是肌肉、皮肤、骨骼、血液、脑、毛发、免疫组织等的构成元素。鱼、肉、豆腐等含有丰富的蛋白质。

脂类

能为身体提供能量。多余的脂类会储存在体内，供身体需要的时候使用。油、蛋黄酱、芝麻等含有丰富的脂类。

糖类

可以为身体、脑的运转提供能量。此外，能调节肠胃，提高免疫力。米饭、面包、砂糖等含有丰富的糖类。

矿物质

包括钙和铁等营养元素。钙是构成骨头等组织的必要元素，能维持肌肉运动等生理功能。铁对于体内的氧输送起到重要作用。贝类、海藻、小鱼干等含有丰富的矿物质。

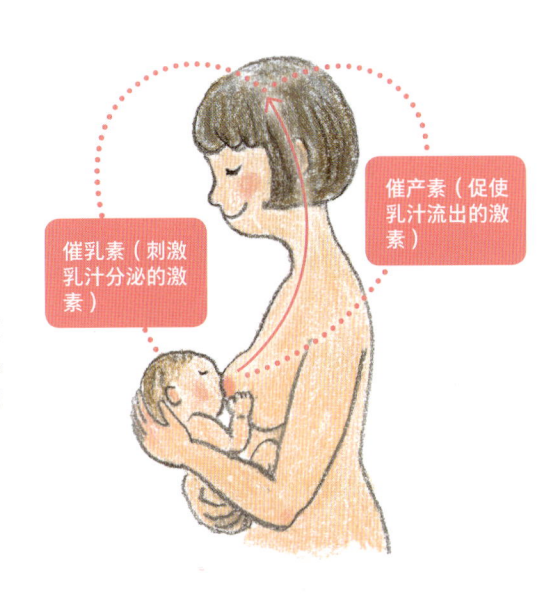

乳汁的营养

乳汁含有婴儿必需的营养成分，这些营养成分大致可以分为两种。

一种是为婴儿的活动提供能量的营养成分，包括蛋白质、脂类、糖类（碳水化合物）、矿物质。不同动物的乳汁，这些成分所占的比例不同。

另一种是保护婴儿不被感染的免疫性物质，特别是只在婴儿出生后初期分泌的"初乳"含有大量免疫性物质，能作用于婴儿的肠道。婴儿渡过新生儿危险期，妈妈乳汁的成分会随着婴儿的成长而变化。

其实，乳汁并不是乳房自动分泌的。婴儿吮吸乳头，会刺激妈妈分泌激素，这些激素能刺激乳腺分泌乳汁。可以说，哺乳是妈妈和婴儿合作的行为。

乳房的原始形态

生活在澳大利亚的鸭嘴兽和针鼹是很特别的哺乳动物。鸭嘴兽妈妈和针鼹妈妈产卵。幼崽从卵中孵化出来后，喝乳汁长大。

但是，鸭嘴兽妈妈和针鼹妈妈没有乳头。在它们的腹部有两处乳腺，乳腺能分泌乳汁。鸭嘴兽宝宝和针鼹宝宝吮吸附着在妈妈皮肤和毛上的富含脂类的乳汁。

这本书要向大家介绍各种各样的哺乳动物妈妈的乳房和它们的哺乳方式。虽然哺乳方式各有不同，但哺乳动物是同一类动物。妈妈们通过乳汁，把温暖和生存规则传递给后代，让后代能够独立生活。我们来看看哺乳动物妈妈们的这种努力吧。

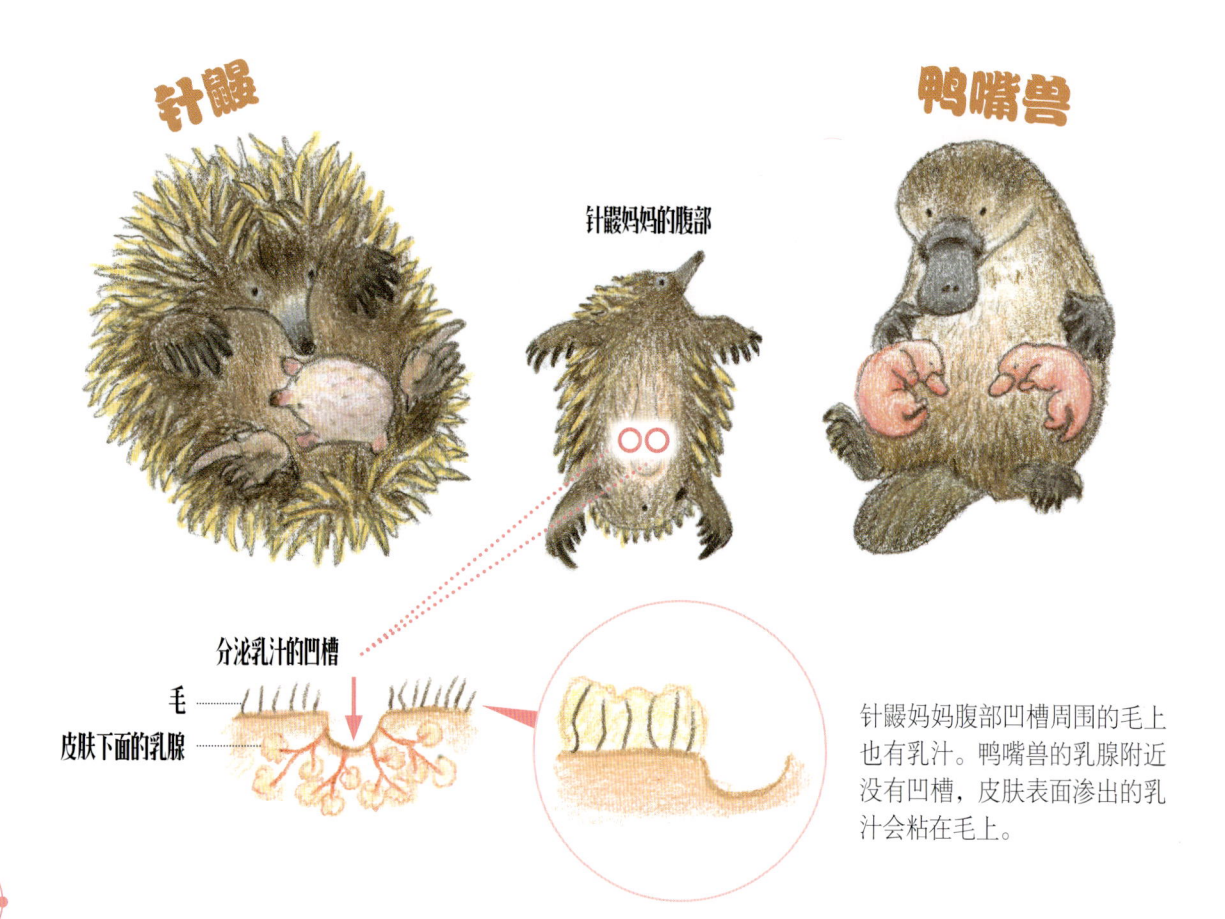

针鼹

鸭嘴兽

针鼹妈妈的腹部

分泌乳汁的凹槽
毛
皮肤下面的乳腺

针鼹妈妈腹部凹槽周围的毛上也有乳汁。鸭嘴兽的乳腺附近没有凹槽，皮肤表面渗出的乳汁会粘在毛上。

第 1 章

有两个乳房的动物

大猩猩（西非大猩猩）

灵长目　人科

- **身高**　雄性：约170厘米　　雌性：约140厘米
- **体重**　雄性：约170千克　　雌性：约90千克
- **分布**　非洲中西部
- **食物**　果实、植物的嫩叶等

胸部有两个乳房，和人的乳房很像。

乳房

1　2

大猩猩和人一样，胸部左侧和右侧各有一个乳房。没有怀孕的雌性大猩猩的乳房瘦瘪、下垂；怀孕后，乳房隆起；分娩时，乳房变大，向胸部两侧扩张。

和人类的乳汁一样，大猩猩的乳汁糖类含量很高。不过，大猩猩的乳汁蛋白质含量比人类乳汁蛋白质含量低，所以幼崽发育相对较慢。

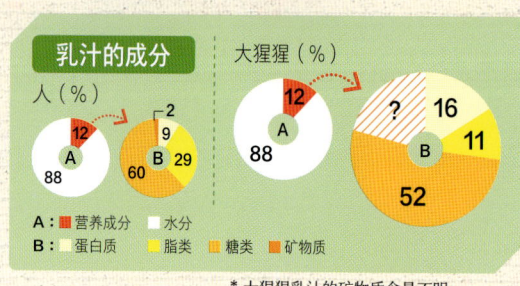

乳汁的成分

人（%）： A 88、12；B 2、9、29、60

大猩猩（%）： A 88、12；B ? 、16、11、52

A：■营养成分　□水分
B：■蛋白质　■脂类　■糖类　■矿物质

＊大猩猩乳汁的矿物质含量不明。

灵长目动物有 2~6 个乳房

大猩猩、婆罗洲猩猩、黑猩猩、长臂猿、日本猕猴、阿拉伯狒狒、松鼠猴等动物，胸部都有两个乳房。这些动物都是和人类相近的灵长目动物。

灵长目动物中比较原始的动物，乳房比较多。蜂猴、眼镜猴等动物有4个乳房，领狐猴等动物有6个乳房。

● 婆罗洲猩猩　乳房 2个

● 领狐猴　乳房 6个

哺乳方式和育儿方式

大猩猩妈妈把宝宝抱在怀中喂奶。喂奶时，大猩猩妈妈一只手就能牢牢抱住宝宝。它的另一只手能自由活动，一会儿抚摸宝宝的背部，一会儿抓着宝宝小小的四肢。大猩猩妈妈一边看着宝宝的脸，一边温柔地抚摸着宝宝的身体。

妊娠期： 250~270 天
每次分娩产下的幼崽数量： 1 只
哺乳期： 540~1100 天

为了分泌乳汁，大猩猩妈妈会吃很多食物。

吃东西的时候，大猩猩妈妈也一刻不离开大猩猩宝宝。

在大猩猩宝宝的四肢变得有力之前，大猩猩妈妈会把宝宝抱在胸前，让宝宝抓着自己的毛。这样，大猩猩妈妈能看到宝宝的脸，会感到安心。

大猩猩宝宝变得更有力气、能紧紧抓住大猩猩妈妈之后，大猩猩妈妈活动时会背着宝宝。

幼崽的成长

大猩猩出生后的头几年，臀部有白色的毛，这是大猩猩幼崽的标志。大猩猩幼崽不管做什么，都会得到周围大猩猩的包容。在这段时间，大猩猩幼崽会从族群的其他大猩猩那儿学到大猩猩社会的生活规则和智慧。大猩猩幼崽长大之后，会离开族群。

大约在1岁以后，大猩猩幼崽会离开妈妈身边，和爸爸在一起的时间增多。

妈妈　　爸爸（族群首领）

在和哥哥姐姐、族群中的伙伴们一起玩耍的过程中得到锻炼。

7~8岁时，离开族群。雄性暂时独自生活。雌性加入别的族群。

臀部的白毛消退

犀牛（黑犀）

奇蹄目　犀科

- **体长** ● 295~375 厘米　　**肩高** ● 140~180 厘米
- **体重** ● 800~1400 千克
- **分布** ● 非洲（撒哈拉沙漠以南）
- **食物** ● 嫩树叶、小树枝等

后腿之间有两个乳房。左右乳房挨着。

乳房

犀牛的乳房在后腿之间。两个乳头聚在中间，挨着。乳头又长又粗。

犀牛乳汁的水分含量很高，所以乳汁看起来很清。犀牛乳汁中有丰富的蛋白质和糖类，有利于犀牛幼崽的发育。

乳汁的成分

人（%）
A: 12, 88
B: 2, 9, 60, 29

黑犀（%）
A: 9, 91
B: 4, 16, 2, 78

A：■营养成分　□水分
B：□蛋白质　■脂类　■糖类　■矿物质

奇蹄目动物有两个乳房

奇蹄目动物分为马科、貘科、犀科3类。奇蹄目动物有发达的中趾，主要靠中趾支撑身体。和犀牛一样，奇蹄目动物的后肢之间有两个乳房。

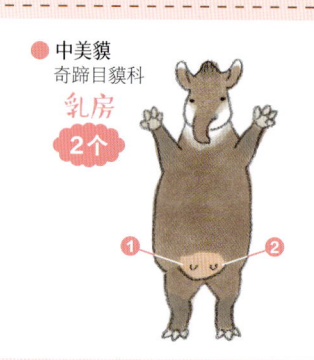

● 普通斑马
奇蹄目马科
乳房 2个

● 中美貘
奇蹄目貘科
乳房 2个

哺乳方式 和育儿方式

犀牛妈妈站着给犀牛宝宝喂奶。犀牛妈妈会调整后腿的位置，把后腿分开或向后撑开，方便犀牛宝宝叼住大大的乳头。犀牛宝宝开始喝奶后，犀牛妈妈会站着一动不动。当犀牛妈妈坐着休息的时候，如果犀牛宝宝过来喝奶，犀牛妈妈会躺下喂奶。

妊娠期： 约450天
每次分娩产下的幼崽数量： 1头
哺乳期： 约540天

蹄子的包膜（蹄壳）

在妈妈肚子里时，犀牛宝宝的蹄子上覆盖着一层包膜*。所以犀牛宝宝出生时，蹄子不会划伤犀牛妈妈的身体。

*有蹄子的奇蹄目动物和偶蹄目动物的幼崽，出生时蹄子上有包膜。

犀牛妈妈在前面走，犀牛宝宝跟在后面。

犀牛宝宝断奶后，在下一头犀牛宝宝出生之前，犀牛妈妈有时候还会给犀牛宝宝喂奶。

幼崽的成长

犀牛宝宝在出生后的头几年，会和妈妈一起行动。不管什么时候，不管做什么，犀牛宝宝都紧紧跟在妈妈身旁。

但是，等它的弟弟或妹妹出生后，犀牛妈妈就不让它在自己身旁了。这时候，它就要自立了。

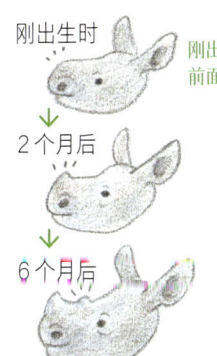

刚出生时
2个月后
6个月后

刚出生时，没有角。前面的角先长。

犀牛宝宝很早就开始学着妈妈的样子，啃食树叶和草。

妹妹或弟弟出生后，犀牛妈妈赶走大一些的宝宝，让它独自生活。

河马

偶蹄目	河马科
体长	280~420 厘米
肩高	130~165 厘米
体重	1350~3200 千克
分布	非洲
食物	草等

后腿之间有两个乳房。
乳房小小的。

乳房

河马的乳房在后腿之间耷拉着。从侧面看，乳房藏在松松垮垮的皮肤里，不容易被看到。

河马的乳汁含有丰富的蛋白质。河马宝宝成长得很快，出生后没多久就像河马妈妈一样，长得胖墩墩的。

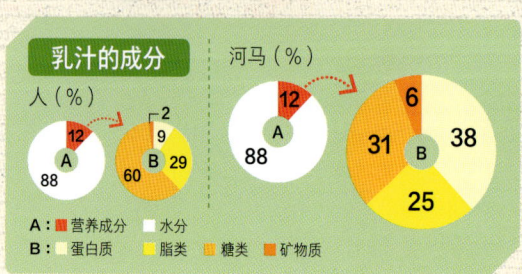

乳汁的成分

人（%）: A 12, 88 ; B 2, 9, 60, 29
河马（%）: A 12, 88 ; B 6, 31, 38, 25

A: 营养成分 ▢ 水分
B: ▢ 蛋白质 ▢ 脂类 ▢ 糖类 ▢ 矿物质

侏儒河马也有两个乳房

有一种河马叫侏儒河马。和普通河马不同，侏儒河马体形小，眼睛不突出。侏儒河马也在水中活动，但在陆地上活动的时间更长。侏儒河马分娩和育儿都在陆地上。

研究认为，侏儒河马和河马的祖先相近。

● 侏儒河马
偶蹄目河马科
乳房 2个

在水边喂奶。

妊娠期：	210~240 天
每次分娩产下的幼崽数量：	1 头
哺乳期：	240~360 天

哺乳方式和育儿方式

　　河马主要生活在水中。河马妈妈给宝宝喂奶的时候，也在水中*。它张开后腿，露出乳房，让河马宝宝来喝奶。

　　河马妈妈能在水中屏气 5 分钟左右。河马宝宝喝奶时，河马妈妈经常把头露出水面换气。

* 河马妈妈有时候也在陆地上给宝宝喂奶。

在水深的地方，河马妈妈驮着河马宝宝。

河马妈妈和宝宝大大地张开嘴，互相撞来撞去。这是河马妈妈在带着宝宝玩耍呢，这样会加深亲子感情。

看到别的动物靠近河马宝宝，河马妈妈会露出獠牙，吓唬、追赶对方。

幼崽的成长

　　在野外，河马妈妈和河马宝宝组成族群，共同生活。河马宝宝们会张开大嘴，互相比试力气，一边玩耍，一边锻炼成长。断奶之后，河马宝宝慢慢成长。河马妈妈强壮又温柔，河马宝宝在河马妈妈的守护下生活 5~7 年，之后独立生活。

喝奶期间，河马宝宝会吃河马妈妈的粪便，获得有益于肠道的重要细菌。

河马妈妈的粪便

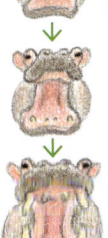

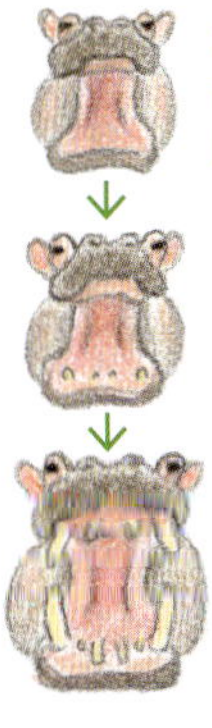

河马宝宝刚出生的时候没有牙齿。大约 1 个月之后长出牙。

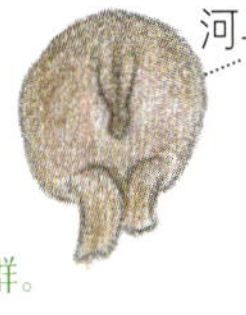

雄性河马长大后会离开族群。雌性河马一生都生活在同一个族群中。

雄性河马

雌性河马

大象（非洲象）

长鼻目　象科

- **体长** 540~750 厘米　　**肩高** 320~400 厘米
- **体重** 5800~7500 千克
- **分布** 非洲（撒哈拉沙漠以南）
- **食物** 草、树叶、果实、根等

胸部有两个乳房。
大象的乳房和人的乳房形状相似，很大。

乳房

大象是陆地上最大的哺乳动物，乳房也是最大的。大象的乳房和人的乳房很相似。大象的乳头分在左右两侧，位于前腿的根部附近。

大象乳汁中的蛋白质、脂类、糖类含量基本相同。这样的乳汁能让大象宝宝茁壮成长。

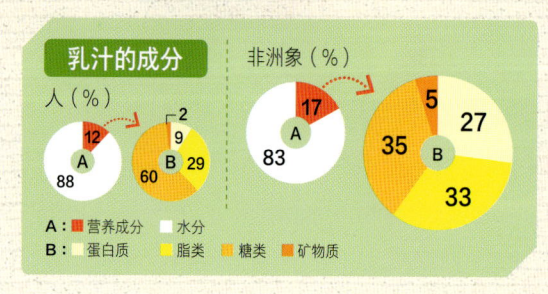

乳汁的成分

人（%）：A 88，12；B 2，9，29，60
非洲象（%）：A 83，17；B 5，27，33，35

A：■营养成分　□水分
B：■蛋白质　■脂类　■糖类　■矿物质

和大象相近的动物的乳房

来看一下和大象有着相同祖先的非洲动物的乳房吧。在岩壁中过着群居生活的蹄兔，有6个乳房。在沙漠中以白蚁为食的土豚，腹部下方有4个乳房。

另外，亚洲象、猛犸象和非洲象一样，胸部有两个乳房。

● 蹄兔
蹄兔目蹄兔科
乳房 6个

*有的蹄兔有2个或4个乳房。

● 土豚
管齿目土豚科
乳房 4个

哺乳方式和育儿方式

给大象宝宝喂奶时，象妈妈的前腿略微向前分开。这样的姿势，能露出朝外的乳头，方便大象宝宝叼住乳头。

大象宝宝用嘴巴喝奶。在大象的一生中，不借助鼻子就能直接用嘴巴喝到的东西，可能只有大象妈妈的乳汁。

妊娠期： 约660天
每次分娩产下的幼崽数量： 1头
哺乳期： 约720天

站立的时候，大象妈妈让大象宝宝站在自己的前腿之间，这样来保护小象。

行走的时候，大象宝宝走在前面，大象妈妈跟在后面，用鼻子指导小象怎么走。

大象妈妈带着大象宝宝，在象群中生活。象群中的成员会共同抚育小象。

幼崽的成长

小象在由大象妈妈、姐姐、阿姨、奶奶等雌象组成的象群中长大。在8岁之前，小象跟在妈妈身旁，向妈妈学习鼻子的使用方法。雄象长大以后会离开象群，雌象会在出生时所在的象群中度过一生。

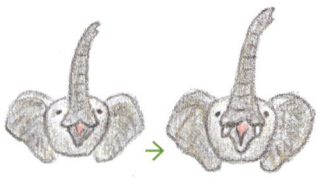

大象宝宝刚出生的时候，没有牙。两岁左右断奶的时候，开始长牙。

出生约半年后，大象宝宝能跟在大象妈妈身后，稳稳地行走。

雄性

雌性

大约12岁后，长出象牙，雄象离开象群；雌象在原来的象群中生育小象，养育小象。

海豹（斑海豹）

食肉目　海豹科

- **全长** 雄性：150~170 厘米　雌性：140~160 厘米
- **体重** 雄性：85~110 千克　雌性：65~115 千克
- **分布** 北冰洋、太平洋
- **食物** 鱼、乌贼、章鱼等

腹部有两个乳房。
乳房很小，看上去就像两个圆圆的疮痂。

乳房

① ②

　海豹的腹部下方有两个并排的乳房，看上去就像两个圆圆的疮痂。乳房只突出一点点。
　海豹的乳汁非常黏稠、浓厚，含有丰富的脂类，能转化为皮下脂肪储存在海豹宝宝体内。海豹宝宝的体重增加得非常快。

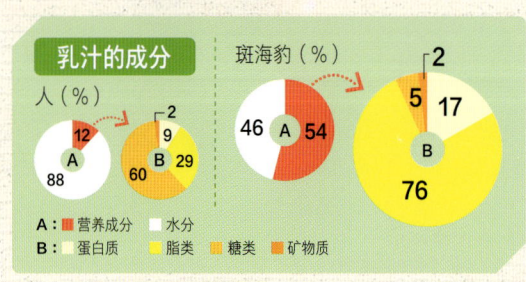

乳汁的成分

人（%）
A: 88 / 12
B: 60 / 29 / 9 / 2

斑海豹（%）
A: 46 / 54
B: 76 / 17 / 5 / 2

A: ■营养成分　□水分
B: □蛋白质　■脂类　■糖类　■矿物质

有鳍状四肢的动物的乳房

　和海豹一样，海狮和海象的四肢也是鳍状的。这些动物既在水中生活，也在陆地上生活，在水中觅食，在陆地上休息、生宝宝。海狮的乳房略微突出一些。海象的乳房向里凹陷，好像小洞。

加利福尼亚海狮
食肉目海狮科
乳房 4个
① ② ③ ④

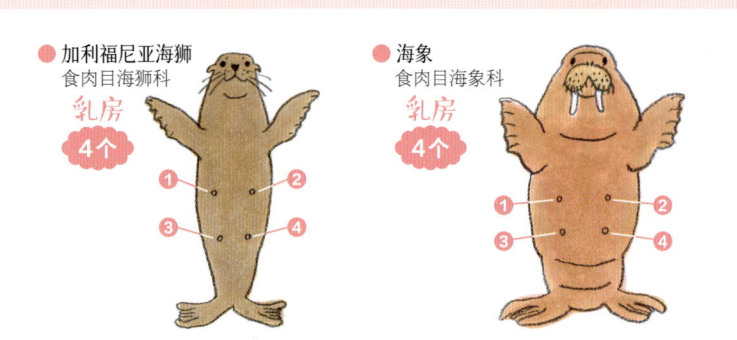

海象
食肉目海象科
乳房 4个
① ② ③ ④

哺乳方式和育儿方式

海豹妈妈躺在水边，给海豹宝宝喂奶。海豹宝宝把嘴巴压在妈妈的乳房上，触碰乳房。海豹宝宝的舌头和下颚戳到乳房，乳汁就会溢出来。

妊娠期： 270~360天
每次分娩产下的幼崽数量： 1头
哺乳期： 14~20天

刚刚喂过奶的乳头

海豹妈妈的职责是让海豹宝宝茁壮成长。海豹妈妈会变换身体的方向，让海豹宝宝从不同的乳房吃奶。

海豹宝宝出生后第二天，海豹妈妈就会把它带到水边，让它尽早适应生活环境。

教海豹宝宝游泳，也是海豹妈妈的一项重要工作。进行游泳训练时，海豹妈妈会托着海豹宝宝，防止它溺水。

幼崽的成长（斑海豹）

断奶后，海豹宝宝会离开妈妈，开始独立生活。和妈妈一起生活的这段时间，海豹宝宝的体重会增长为出生时的5倍左右。在能熟练捕食之前，海豹宝宝依靠妈妈乳汁提供的能量来维持生存。

海豹宝宝刚出生时，是纯白色的。大约40天后，身上出现斑纹。

↓
出生后2周
↓
出生后40天

大约2~3周后，和海豹妈妈分开。

开始独立觅食。能独立捕食填饱肚子，海豹宝宝就算长大了。

海獭

食肉目　鼬科
体长　● 76~120 厘米　　尾长 ● 28~37 厘米
体重　● 13.5~45.0 千克
分布　● 北太平洋
食物　● 螃蟹、贝类、海胆等

后肢之间有两个乳房。
乳房被柔软的毛覆盖着。

乳房

1　2

海獭的乳房很小，在后肢中间。乳房被浓密的能防水的长毛和柔软细密的绒毛覆盖着，不容易被看到。

在海獭的乳汁中，一半以上的营养成分是脂类。这样的乳汁能为海獭宝宝的身体提供充足的热量。就算被寒冷的海水打湿身体，海獭宝宝也不会很冷。

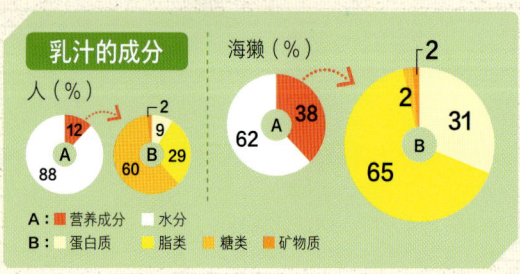

乳汁的成分

人（%）
A 12
88

B 2
9
60
29

海獭（%）
A 38
62

B 2
2
31
65

A：■营养成分　□水分
B：□蛋白质　■脂类　■糖类　■矿物质

鼬科动物的乳房

海獭属于鼬科动物，这类动物的生活环境是多种多样的，乳房数量也有所不同。日本鼬在平地以及山地的水边生活，腹部下方有8个乳房。日本獾在山区森林中生活，有6个乳房。

● 日本鼬
食肉目鼬科
乳房 8个
1　2
3　4
5　6
7　8

● 日本獾
食肉目鼬科
乳房 6个
1　2
3　4
5　6

哺乳方式和育儿方式

海獭妈妈漂浮在海面上，让海獭宝宝躺在自己肚子上吃奶。海獭宝宝趴在海獭妈妈身上，叼住乳头，屁股正好对着海獭妈妈的嘴巴。海獭宝宝吃奶的时候，海獭妈妈忙着舔舐海獭宝宝的屁股，帮助它排便，或者给它梳理毛。

妊娠期： 约300天
每次分娩产下的幼崽数量： 1只
哺乳期： 约180天

海獭妈妈总是让海獭宝宝躺在自己的肚子上。睡觉的时候，海獭妈妈也会紧紧抱着肚子上的海獭宝宝。

海獭妈妈梳理毛发和吃东西的时候，让海獭宝宝漂浮在水面上。

海獭妈妈把嚼软了的乌贼和贝肉喂给出生不久的海獭宝宝，让海獭宝宝记住食物的味道。

幼崽的成长

海獭宝宝出生大约1周之后，开始游泳。接着，海獭宝宝学会潜水，整理毛发，渐渐离开海獭妈妈的肚子。成年后，雄性海獭和雌性海獭组成不同的群体，分开生活。

大约两个月后，海獭宝宝能够灵活地潜水，跟在海獭妈妈身边。

大约8个月之后，海獭宝宝能用前肢抱着食物，用牙齿撕咬食物。

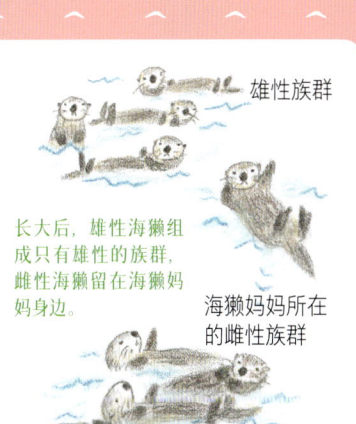

雄性族群

长大后，雄性海獭组成只有雄性的族群，雌性海獭留在海獭妈妈身边。

海獭妈妈所在的雌性族群

海豚（瓶鼻海豚）

鲸偶蹄目	海豚科
全长	约300厘米
体重	约400千克
分布	热带和温带陆地附近的海域
食物	鱼、乌贼等

腹部下方有两个乳房。
乳房藏在乳裂里。

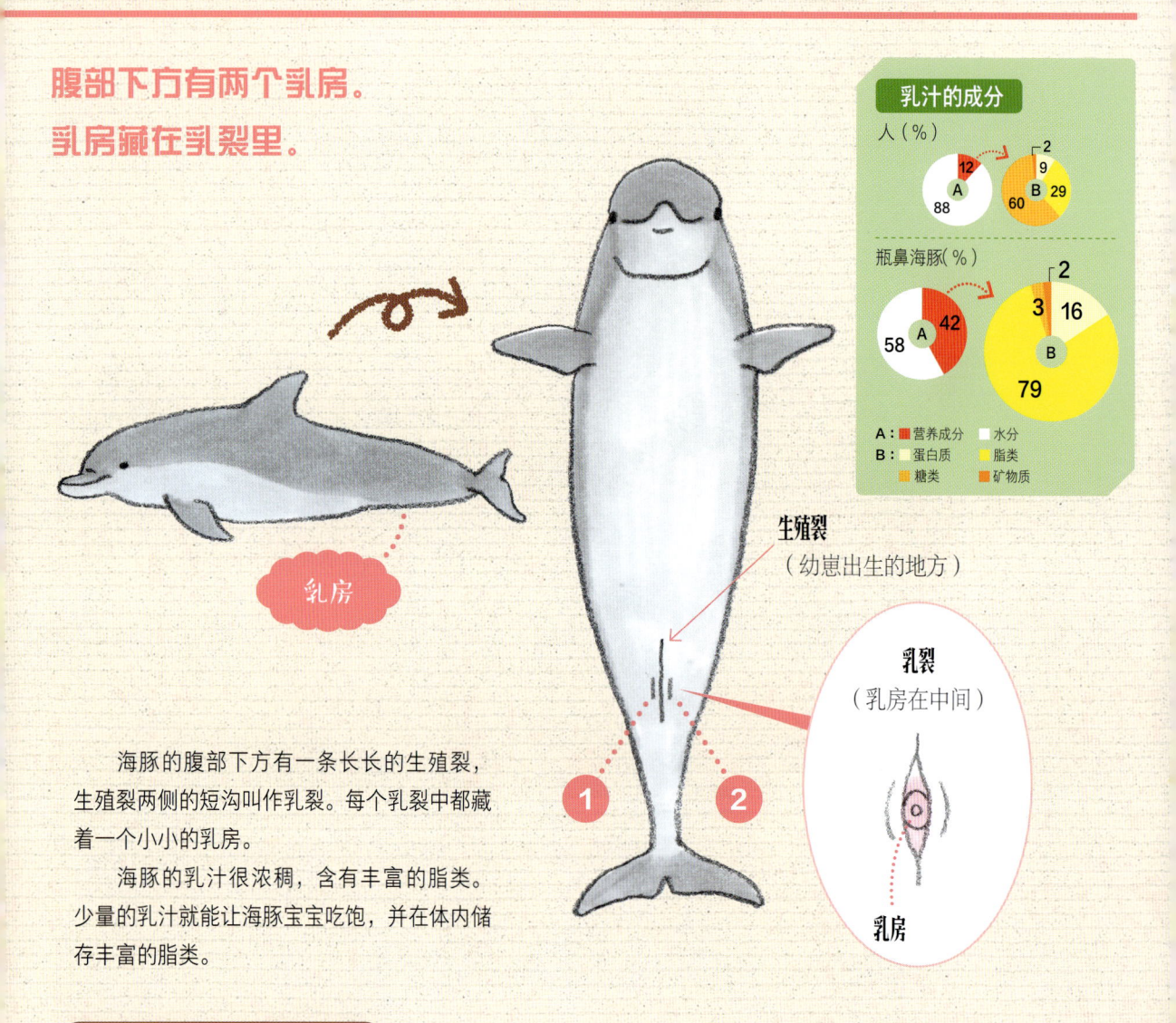

乳汁的成分

人（%）
A: 12, 88
B: 2, 9, 60, 29

瓶鼻海豚（%）
A: 42, 58
B: 2, 3, 16, 79

A：■ 营养成分　□ 水分
B：□ 蛋白质　■ 脂类
　　■ 糖类　　■ 矿物质

乳房

生殖裂
（幼崽出生的地方）

乳裂
（乳房在中间）

乳房

海豚的腹部下方有一条长长的生殖裂，生殖裂两侧的短沟叫作乳裂。每个乳裂中都藏着一个小小的乳房。

海豚的乳汁很浓稠，含有丰富的脂类。少量的乳汁就能让海豚宝宝吃饱，并在体内储存丰富的脂类。

鲸偶蹄目动物有两个乳房

鲸偶蹄目动物是哺乳动物，出生后在大海中度过一生。和鱼不同，它们用肺呼吸，会把鼻孔露出水面换气。鲸偶蹄目动物的两个乳房都在乳裂中，既能得到保护，也不会妨碍游泳。

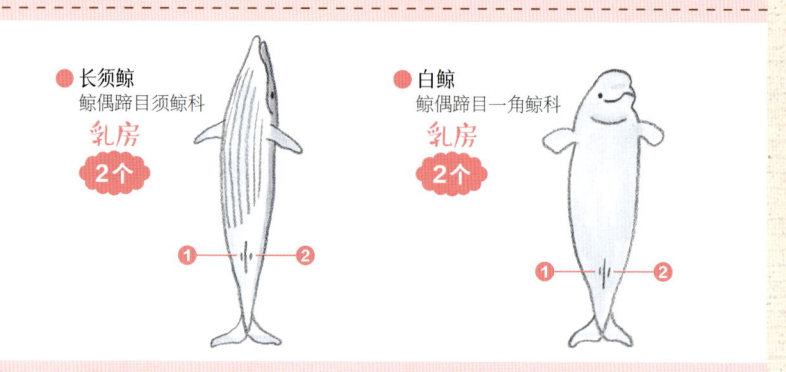

● 长须鲸
鲸偶蹄目须鲸科
乳房 2个

● 白鲸
鲸偶蹄目一角鲸科
乳房 2个

哺乳方式和育儿方式

海豚妈妈一边游泳，一边给宝宝喂奶。海豚宝宝把嘴巴贴在妈妈的乳裂上，告诉妈妈自己肚子饿了。海豚妈妈会放慢游泳速度，把身体倾斜一点儿，方便海豚宝宝吃奶。海豚宝宝吃一会儿奶，就会游开。过一会儿，海豚宝宝再游过来吃奶。就这样一遍遍重复。

妊娠期： 约360天
每次分娩产下的幼崽数量： 1只
哺乳期： 约540天

海豚宝宝跟在海豚妈妈的胸鳍后面，乘着海豚妈妈游动时搅动的水流，和妈妈一起游泳。

海豚妈妈会触碰海豚宝宝的身体，让海豚宝宝听到自己的声音，这样会让海豚宝宝安心。

雌性海豚同伴
海豚宝宝
海豚妈妈
"我离开一下。"

海豚宝宝长大以后，海豚妈妈会把海豚宝宝交给雌性同伴，自己去吃东西或休息。

幼崽的成长

海豚宝宝在只有雌性的海豚族群中长大。海豚阿姨、姐姐们会教给海豚宝宝集体生活的规则。大约5岁的时候，雄性海豚离开族群，加入只有雄性海豚的群体。据研究，雌性海豚即使暂时离开族群，还会回来参与育儿等活动。

触须　皱褶
刚出生的海豚宝宝，吻周围有触须，身体上有皱褶。

海豚宝宝的舌头边缘是锯齿状的，喝奶时舌头卷起来，像一根吸管。长大后，舌头边缘会变光滑。

↓ 几年后

和年长的同伴一起行动，学习跳跃、游泳和捕食。

海牛（美洲海牛）

海牛目	海牛科
全长	约 450 厘米
体重	200~600 千克
分布	大西洋
食物	海藻、水草等

前肢根部有两个乳房。

乳房

1　2

海牛的两个前肢根部各有一个乳房。看上去，乳房就好像长在胳肢窝里。

海牛的乳汁含有丰富的蛋白质和脂类，能为海牛宝宝提供充足的能量。所以，海牛宝宝生长得很快。

乳汁的成分

人（%）
- A：12，88
- B：2，9，60，29

美洲海牛（%）
- A：13，87
- B：7，2，48，43

A：■营养成分　□水分
B：■蛋白质　■脂类　■糖类　■矿物质

和海牛相似的儒艮的乳房

生活在温暖海域的儒艮，和海牛相似。儒艮的两个乳房也位于前肢的根部。

海牛和儒艮是传说中的人鱼的原型。据说，人们是从海牛和儒艮喂奶的姿态中产生的这种联想。

● 儒艮
海牛目儒艮科
乳房 2个　1　2

区分海牛和儒艮的方法：
比较一下它们的尾部吧。
海牛的尾部，像团扇。
儒艮的尾部，像月牙儿。
海牛和儒艮的尾部都是由尾巴进化而来的。

哺乳方式和育儿方式

海牛妈妈在大海和河流的浅水中，给海牛宝宝喂奶。喂奶的时候，海牛妈妈有时候慢慢游动，有时候沉在水底。海牛宝宝张大嘴巴，咬住海牛妈妈前肢的根部，叼住乳房，使劲吮吸。海牛母子看上去像不像人鱼母子？

妊娠期： 约 360 天
每次分娩产下的幼崽数量： 1 头
哺乳期： 360~540 天

海牛妈妈用前肢抱着宝宝，来回摩擦宝宝的身体。海牛妈妈非常爱护宝宝，和宝宝形影不离。

在浑浊的水中，海牛妈妈会把脸贴在海牛宝宝脸上，召唤海牛宝宝。

在海牛宝宝能灵活地游泳之前，海牛妈妈会帮助海牛宝宝到水面换气。

幼崽的成长

出生几个星期后，海牛宝宝开始吃植物。海牛宝宝和妈妈一起行动的时候，对觅食场所和洄游路线形成身体记忆。断奶之后，海牛宝宝就可以独立活动了。

冬季和夏季巡回游动，记住去往南方和北方的水中路线。

北
南

研究认为，海牛仰躺在水底是在向同伴打招呼。

断奶、只吃植物之后，小海牛开始像成年海牛一样换牙。

树懒（二趾树懒）

披毛目	树懒科
体长	46~86 厘米
尾长	1.5~3.5 厘米
体重	4.0~8.5 千克
分布	南美洲和中美洲
食物	树叶、果实等

胸部有两个乳房。
乳房藏在长长的毛下面。

乳房

树懒的乳房，在前肢根部附近。树懒宝宝出生后，树懒妈妈的乳房膨大，浓密的长毛中会露出发黑的乳头。

树懒的乳汁含有丰富的蛋白质。这样的乳汁能为树懒宝宝提供足够的能量，让树懒宝宝有一个好身体，能吊在树上慢慢移动。

乳汁的成分

人（%）
A 88，12
B 2，9，29，60

褐喉树懒*（%）
A 87，13
B 7，22，50，21

A：■营养成分 □水分
B：■蛋白质 □脂类 □糖类 □矿物质

＊目前还没有二趾树懒乳汁成分的研究数据。

各种样子奇特的动物的乳房

树懒在树上把身体团成一团的时候，看上去就像一个鸟窝。还有很多样子奇特的动物，我们来看一看它们的乳房吧。脸部窄长的大食蚁兽，胸部有两个乳房。身上覆盖着鳞片的穿山甲，胸部也有两个乳房。

● 大食蚁兽
披毛目食蚁兽科
乳房 2个

● 中华穿山甲
鳞甲目穿山甲科
乳房 2个

哺乳方式和育儿方式

树懒妈妈吊在树枝上，让树懒宝宝趴在自己肚子上吃奶。树懒妈妈就这样在树上慢慢移动。树懒妈妈摇摇晃晃的，就像树懒宝宝的摇篮。

妊娠期： 180~360 天
每次分娩产下的幼崽数量： 1 只
哺乳期： 约 30 天

树懒妈妈让树懒宝宝在自己身上玩耍，这样可以锻炼树懒宝宝的力气。

吃东西的时候，树懒妈妈让树懒宝宝舔自己的嘴巴，帮助树懒宝宝记住能吃的树叶和果实的味道。

树懒睡觉的时候也在树上。树懒妈妈的身体团成一团，看上去像个鸟窝，这样可以把树懒宝宝包在身体内侧，保护树懒宝宝。

幼崽的成长

树懒宝宝刚出生的时候，毛是黑色的。随着成长，它会长出白色和褐色的毛。树懒宝宝开始吃树叶后，还会再喝一段时间奶。树懒宝宝能在树上自由活动后，开始独立生活。树懒妈妈会去别的树上生活。

仰面向上，练习抓住树枝。

出生两个月后，和妈妈一起下树，进行第一次排便。

树懒妈妈

大约 10 个月时，树懒妈妈把树让给树懒宝宝。树懒宝宝开始独立生活。

蝙蝠（马铁菊头蝠）

翼手目　菊头蝠科
体长　5.6~8.0 厘米　　前臂长　5.0~6.1 厘米
体重　13~34 克
分布　欧洲、亚洲
食物　昆虫（特别是大型甲虫）

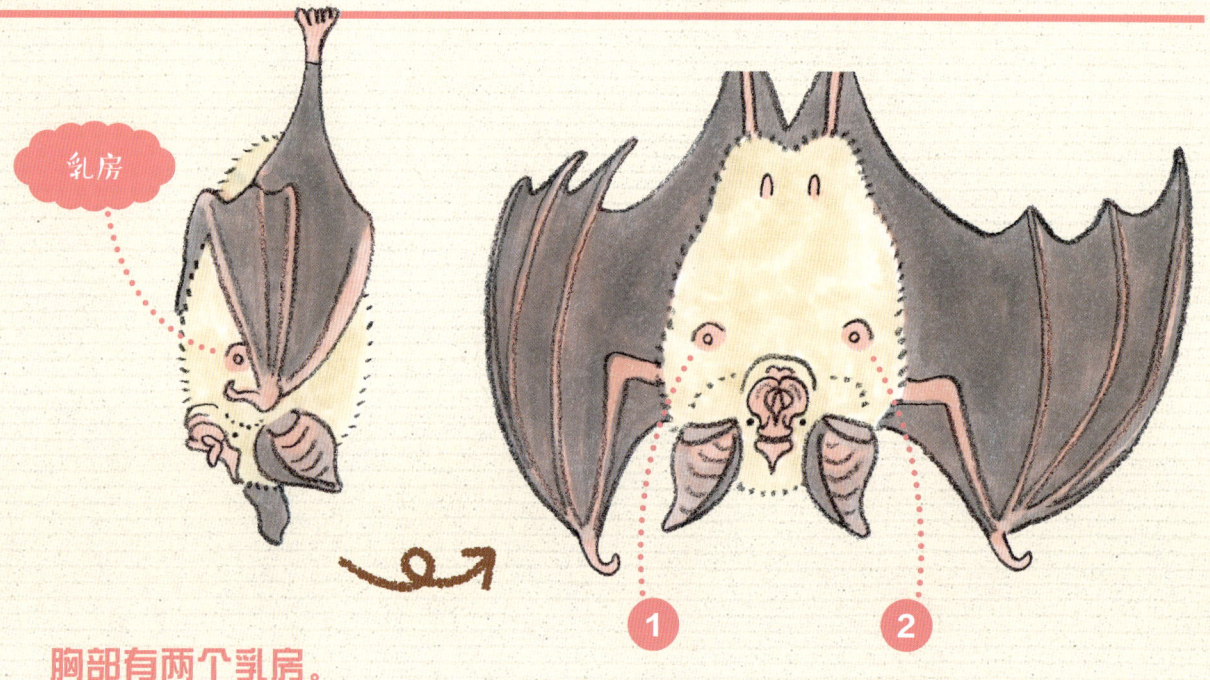

乳房

① ②

胸部有两个乳房。
乳房位于前肢的根部。

蝙蝠的乳房位于前肢的根部。养育蝙蝠宝宝的时候，蝙蝠妈妈乳房周围的毛会脱落，粉红色的小乳头变得清晰可见。

东方蝙蝠*的乳汁含有丰富的蛋白质和脂类，营养价值很高。

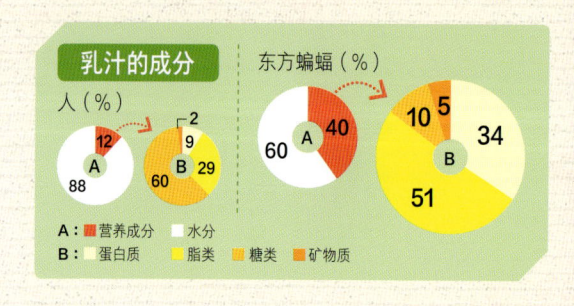

*东方蝙蝠和马铁菊头蝠都是以昆虫为食物的小型蝙蝠。

乳汁的成分

人（%）
A：12　88
B：2　9　60　29

东方蝙蝠（%）
A：40　60
B：10　5　34　51

A：■营养成分　□水分
B：■蛋白质　■脂类　■糖类　■矿物质

狐蝠也有两个乳房

蝙蝠大致分为两类：小型蝙蝠和大型蝙蝠。马铁菊头蝠等小型蝙蝠，主要以昆虫为食；狐蝠等大型蝙蝠，主要以植物为食。绝大多数蝙蝠都是胸部有两个乳房。

● 琉球狐蝠
翼手目狐蝠科
乳房 2个

① ②

蝙蝠宝宝头朝下抓住蝙蝠妈妈，和蝙蝠妈妈同一个朝向。

哺乳方式和育儿方式

蝙蝠妈妈用后腿把自己倒吊在洞穴顶部,生下蝙蝠宝宝。给宝宝喂奶的时候,蝙蝠妈妈也是倒挂着的。蝙蝠妈妈轻轻摇晃着身体,看上去像是在哄吃奶的蝙蝠宝宝。

妊娠期: 约100天
每次分娩产下的幼崽数量: 1只
哺乳期: 40~50天

隆起的地方,看上去很像乳房

平时,蝙蝠妈妈让蝙蝠宝宝抓着自己腹部下方看上去像乳房的隆起部位,这样方便抱着蝙蝠宝宝。

飞行的时候,蝙蝠妈妈让蝙蝠宝宝贴在自己的腹部。

蝙蝠宝宝

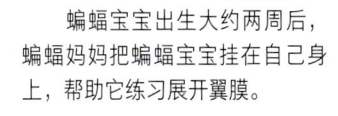

蝙蝠宝宝出生大约两周后,蝙蝠妈妈把蝙蝠宝宝挂在自己身上,帮助它练习展开翼膜。

幼崽的成长

蝙蝠出生的时候身上没有毛,眼睛也看不见。蝙蝠宝宝贴在蝙蝠妈妈身上,像蝙蝠妈妈身体的一部分。蝙蝠宝宝和蝙蝠妈妈通过超声波进行交流。等蝙蝠宝宝能独立生活了,就会和蝙蝠妈妈分离。

如果和蝙蝠妈妈走散了,蝙蝠宝宝就发出超声波,呼唤妈妈。

蝙蝠妈妈

当蝙蝠宝宝可以灵活地展开翼膜时,也能灵活地倒挂了。

出生3~4周后,和蝙蝠妈妈一起觅食。

蝙蝠妈妈

树袋熊

双门齿目 树袋熊科
体长 60~83 厘米
体重 8~12 千克
分布 澳大利亚东部
食物 桉树叶

腹部有两个乳房。
乳房在育儿袋中。

乳房

育儿袋

树袋熊的乳房在腹部下方，藏在养育宝宝的育儿袋里，从外面看不到。

树袋熊的乳汁有丰富的营养。其中丰富的脂类能为树袋熊宝宝提供充足的能量，让宝宝快速成长。

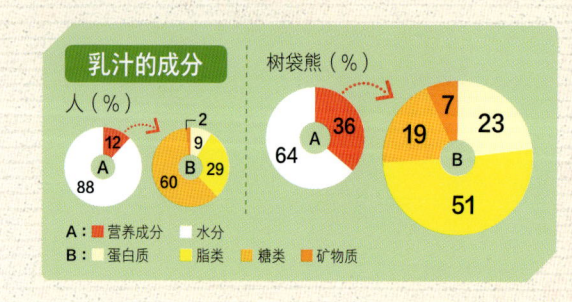

乳汁的成分

人（%）
A 88
12

B 60
29
9
2

树袋熊（%）
A 64
36

B 51
23
19
7

A：■营养成分 □水分
B：□蛋白质 □脂类 □糖类 □矿物质

乳房在育儿袋中的动物

大家知道，树袋熊和袋鼠*都有育儿袋，但它们的育儿袋的开口位置不同。树袋熊的育儿袋开口在下方，而袋鼠的育儿袋开口在上方。这里介绍的是育儿袋开口在下方的动物。

*46-47 页介绍袋鼠。

● 毛鼻袋熊
双门齿目袋熊科
乳房 2个

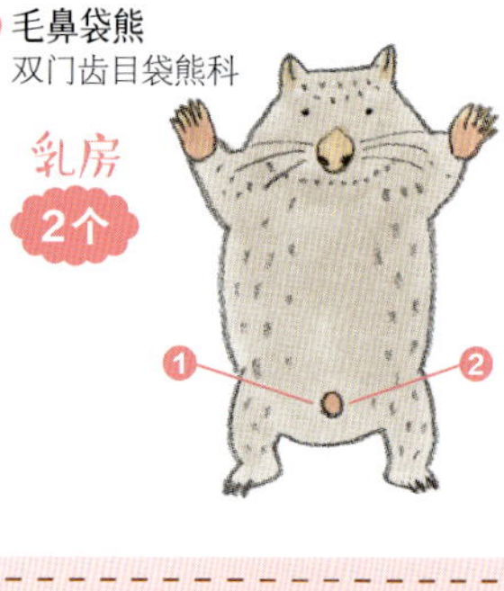

● 袋獾
袋鼬目袋鼬科
乳房 6个

哺乳方式和育儿方式

树袋熊宝宝出生后，立刻进入育儿袋，吮吸乳房。树袋熊妈妈的乳房隆起，可以伸到树袋熊宝宝的喉咙深处，不会从宝宝嘴里掉出来。树袋熊妈妈乳房的肌肉一动，乳汁就会直接流到树袋熊宝宝的肚子里。

妊娠期： 34~36 天
每次分娩产下的幼崽数量： 1 只
哺乳期： 240~360 天

刚刚出生的树袋熊宝宝，体长 2 厘米，体重 0.5 克。大小和上面图片中的差不多。

* 图中是育儿袋里面的样子。

树袋熊宝宝出生大约 6 个月之后，树袋熊妈妈开始排出一种半流质软粪便，让树袋熊宝宝吃。这种半流质软粪便含有大量有益于树袋熊宝宝肠道的微生物，是非常重要的断乳食品。

为了防止树袋熊宝宝掉下去，树袋熊妈妈会用四肢环抱树干，把树袋熊宝宝包在自己的四肢和树干之间。树袋熊妈妈会舔舔树袋熊宝宝的身体，和树袋熊宝宝一起玩。

树袋熊宝宝长大一些，力气大一些之后，树袋熊妈妈不再抱着它，而是背着它活动。

幼崽的成长

树袋熊在桉树上生活，吃桉树叶。但是，树袋熊只能吃某几种桉树的叶子。树袋熊宝宝通过吃妈妈的半流质软粪便，能记住自己可以吃哪几种桉树的叶子。树袋熊宝宝和树袋熊妈妈共同生活一年以上，之后树袋熊宝宝开始独立生活，建立自己的领地。

树袋熊小时候，我们能看到它露出来的一点点尾巴。毛长出来之后，尾巴就被盖住了。

出生 6-7 个月之后，树袋熊宝宝从育儿袋中钻出来，开始独立吃桉树叶。

1 岁以后，树袋熊宝宝完全离开育儿袋之后，有时候还会来喝树袋熊妈妈的奶。

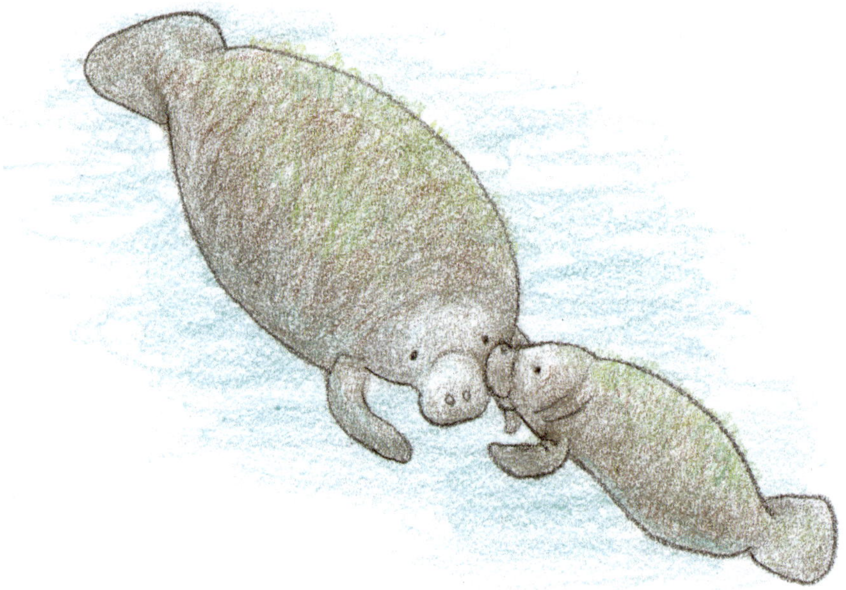

第2章

有4个乳房的动物

熊猫（大熊猫）

食肉目　熊科
体长　120~150 厘米　　尾长　10~13 厘米
体重　75~160 千克
分布　中国
食物　竹叶、竹笋、小动物等

胸部有两个乳房，腹部有两个乳房。乳房看上去就像褐色的纽扣。

乳房

1　2
3　4

大熊猫的乳房被白色的毛覆盖着。乳房分泌出的乳汁会把周围的毛染成褐色，所以乳房看上去就像大大的纽扣。

大熊猫的乳汁含有丰富的蛋白质和脂类，所以大熊猫宝宝成长得非常快。

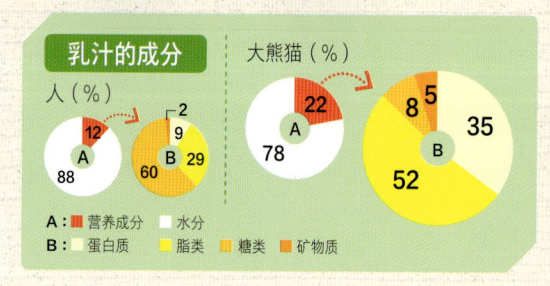

乳汁的成分

人（%）：A 88、12；B 60、9、29、2
大熊猫（%）：A 78、22；B 52、8、5、35

A：■营养成分　□水分
B：□蛋白质　□脂类　□糖类　■矿物质

小熊猫的乳房

还有一种动物也叫熊猫，那就是"小熊猫"。和大熊猫相同的是，小熊猫也生活在中国等地方的山区，主要吃竹子。但小熊猫体形小，尾巴长，和黄鼬很接近。小熊猫有8个乳房。

● 小熊猫
食肉目小熊猫科
乳房 8个

1　2
3　4
5　6
7　8

小熊猫宝宝出生的时候，身上就有毛。小熊猫每次分娩生下1~4只幼崽。

哺乳方式和育儿方式

大熊猫妈妈稳稳地坐着，抱着大熊猫宝宝喂奶。大熊猫妈妈用前肢拢着大熊猫宝宝的身体，低头看着宝宝的脸，和人类喂奶的样子很像。在大熊猫宝宝小的时候，大熊猫妈妈顾不上自己吃东西，会先照顾宝宝。

妊娠期： 125~150 天
每次分娩产下的幼崽数量： 1~2 只（一般是 1 只）
哺乳期： 约 180 天

大熊猫妈妈会抚摸大熊猫宝宝的肚子和屁股，帮助宝宝排便，并把宝宝的粪便舔干净。

行走的时候，大熊猫妈妈叼着大熊猫宝宝的后脖颈。

大熊猫宝宝长大一些后，大熊猫妈妈为了多分泌乳汁，会吃很多竹子。

幼崽的成长

大熊猫宝宝刚出生的时候，个头儿很小。出生后，大熊猫宝宝立刻发出很大的声音，向妈妈要奶吃。大约 6 个月之后，大熊猫宝宝开始吃竹子，能够独立活动。大约两岁后，大熊猫宝宝被妈妈赶走，开始独立生活。

刚出生时
↓ 1 周
↓ 1 个月
↓ 2 个月

大熊猫宝宝刚出生时，体重大约 100 克。大约两个月之后，眼睛睁开，腿能站立。

约 5 个月后，大熊猫宝宝能爬树，能活泼地玩耍。

大熊猫妈妈

大约 1 岁之后，大熊猫宝宝吃东西的时间变长。

长颈鹿

偶蹄目　长颈鹿科
- **肩高** 250~370 厘米　**头顶高** 430~590 厘米
- **体重** 550~1930 千克
- **分布** 非洲撒哈拉沙漠以南地区
- **食物** 树叶等

后肢之间有 4 个乳房。
乳房离地面 1.5 米左右。

乳房

乳汁的成分

人（%）
A：12 营养成分 88 水分
B：2 糖类 9 蛋白质 29 矿物质 60 脂类

长颈鹿（%）
A：19 营养成分 81 水分
B：6 糖类 10 蛋白质 38 矿物质 46 脂类

A：■ 营养成分　□ 水分
B：■ 蛋白质　■ 脂类　■ 糖类　■ 矿物质

长颈鹿的乳房在长长的后肢之间。和长颈鹿高大的体形相比，它的乳房很小巧。

长颈鹿的乳汁含有丰富的营养，有助于长颈鹿宝宝骨骼和肌肉的发育。

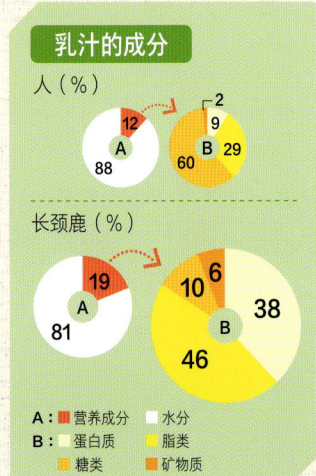

排出圆粒状粪便的动物的乳房

长颈鹿是偶蹄目食草动物。偶蹄目动物，四足通常各有两趾或四趾，吃树叶和草，有反刍*行为。通过反刍，能充分吸收食物的营养成分，排出小小的圆粒状粪便。鹿和骆驼等动物的乳房也位于后肢之间，一般是 4 个。

*反刍，是把进入胃部的食物返回口中，重新咀嚼、重新消化的行为。

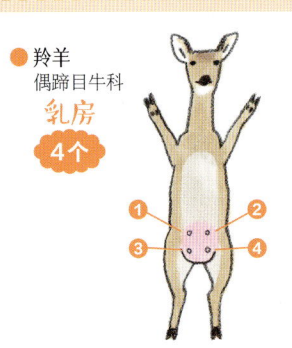

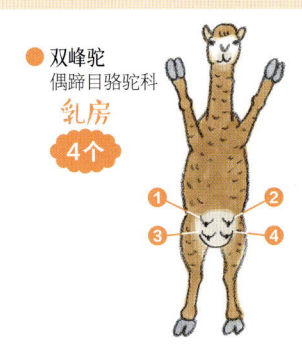

● 羚羊
偶蹄目牛科
乳房 4 个

● 双峰驼
偶蹄目骆驼科
乳房 4 个

哺乳方式和育儿方式

长颈鹿妈妈站着给宝宝喂奶。不过，长颈鹿妈妈的乳房在腹部深处，长颈鹿宝宝的嘴不容易够到。长颈鹿妈妈会弯下脖子，轻推长颈鹿宝宝的屁股，好像在告诉长颈鹿宝宝："来，再向前一步。"

妊娠期： 420~450 天
每次分娩产下的幼崽数量： 1 只
哺乳期： 300 天

角

长颈鹿宝宝出生的时候，角是耷拉着的。这样，出生的时候，不会伤到长颈鹿妈妈，也方便吃奶。

出生后头几天，长颈鹿妈妈和长颈鹿宝宝紧紧挨在一起。长颈鹿妈妈不停地舔舐长颈鹿宝宝的身体。

长颈鹿妈妈

长颈鹿哥哥或姐姐

大约两周后，长颈鹿妈妈不太照顾长颈鹿宝宝了，让长颈鹿哥哥或姐姐来照顾长颈鹿宝宝。

幼崽的成长

雌性长颈鹿进入某一只雄性长颈鹿的领地，组成族群。长颈鹿宝宝出生后立刻就能站立，开始吃奶。断奶后，幼年长颈鹿常常独自行动。大约 4 岁以后，雄性长颈鹿会互相比试力气，离开族群。

出生后大约两周，角立起来。

大约 1 个月之后，开始吃树叶。

大约 4 个月后，肠胃发育得更好，开始反刍，排出圆粒状粪便。

北极熊

食肉目	熊科		
体长	180~250 厘米	尾长	7~13 厘米
体重	150~800 千克		
分布	主要在北极圈冰层覆盖的区域		
食物	哺乳动物、鱼、果实等		

胸部有 4 个乳房。
乳房在粗壮的前肢附近。

乳房

北极熊的乳房在宽阔的胸部。左侧乳房和右侧乳房略微分开。乳房位于前肢附近，看上去黑乎乎的。

北极熊的乳汁含有大量的脂类。这些脂类来自北极熊妈妈体内储存的脂肪。

乳汁的成分

人 (%)： A 12 / 88； B 2 / 9 / 60 / 29
北极熊 (%)： A 52 / 48； B 1 / 3 / 24 / 72

A： ■ 营养成分　□ 水分
B： □ 蛋白质　■ 脂类　■ 糖类　■ 矿物质

熊科动物的乳房

熊科包括 8 类动物，大熊猫是其中一类。熊科动物中，北极熊生活在最寒冷的北极周围，黑熊和棕熊都有 6 个乳房，胸部 4 个，腹部 2 个。

● 黑熊
食肉目熊科
乳房 6 个

● 棕熊
食肉目熊科
乳房 6 个

哺乳方式和育儿方式

北极熊妈妈稳稳地坐着给北极熊宝宝喂奶。北极熊宝宝用嘴巴和前肢压着乳房，吃奶时喉咙里发出咕咕声。这样的"叫声"，是北极熊宝宝在撒娇呢。北极熊妈妈不停地舔着宝宝，让它们安心。

妊娠期： 约240天
每次分娩产下的幼崽数量： 1~3只（通常两只）
哺乳期： 约120天

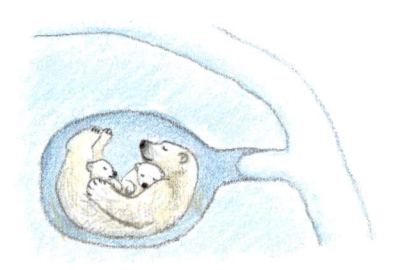

北极熊妈妈在雪中的洞穴里冬眠时，生下北极熊宝宝。北极熊妈妈大约4个月不吃不喝，给北极熊宝宝喂奶。

北极熊从洞穴中出来时，通过气味和声音来了解周围的情况，确认是不是安全。

北极熊妈妈跳到水里，招呼北极熊宝宝下水，教它们游泳。

幼崽的成长

北极熊宝宝出生后，先在洞穴中生活一段时间。北极熊宝宝一个月后睁开眼睛，两个月后长出牙齿。体重大约超过10千克时，北极熊宝宝来到洞外。之后，北极熊宝宝和北极熊妈妈一起活动，跟妈妈学习捕食的本领。最后，北极熊宝宝和妈妈分开，开始独立生活。

3~4个月后，能够外出行走。

刚出生的时候

↓出生3~4个月后

北极熊宝宝常常和北极熊妈妈、兄弟姐妹一起玩耍，锻炼体力。

一边旅行，一边学习生存技能。

水獭（欧亚水獭）

食肉目	鼬科		
体长	55~95 厘米	尾长	30~55 厘米
体重	5~12 千克		
分布	欧洲、亚洲		
食物	鱼、虾、青蛙等		

腹部有 4 个乳房。
乳房很小巧，是白色的。

乳房

水獭的乳房很小，藏在毛里面，几乎看不见。水獭宝宝吃奶的时候，乳头会露出一点点。

水獭的乳汁含有丰富的脂类。这样的乳汁让水獭宝宝有一个好身体，在冰雪环境中也不怕冷。

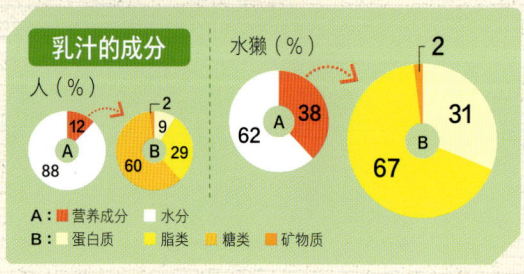

乳汁的成分

人（%）
A: 12, 88
B: 2, 9, 60, 29

水獭（%）
A: 38, 62
B: 2, 31, 67

A：■营养成分 □水分
B：■蛋白质 ■脂类 ■糖类 ■矿物质

＊水獭乳汁中的糖类含量并不是零，只是含量很低。

各种水獭的乳房

水獭在水中和陆地上觅食，在陆地上睡觉。水獭用前肢的趾抓东西，后肢脚趾之间有蹼。欧亚水獭所有的趾都有长爪子。小爪水獭的爪子很小，无爪水獭的前肢没有爪子。它们都有 4 个乳房。

● 小爪水獭
食肉目鼬科
乳房 4个

● 无爪水獭
食肉目鼬科
乳房 4个

哺乳方式和育儿方式

水獭妈妈在水边的洞穴中给水獭宝宝喂奶。水獭宝宝在妈妈肚子上动来动去,水獭妈妈用前肢抱住水獭宝宝,把它们放到乳房旁边。水獭妈妈弯着粗粗的尾巴,用全身包裹着水獭宝宝。

妊娠期: 59~65天

每次分娩产下的幼崽数量: 1~5只(平均3只)

哺乳期: 约60天

在洞穴中,水獭妈妈总是把水獭宝宝拢在自己身旁。睡觉的时候,水獭妈妈也会和水獭宝宝紧紧挨在一起。

感到危险的时候,水獭妈妈会把水獭宝宝藏在身子下面,观察四周的情况。

水獭妈妈会叼着水獭宝宝的后脖颈,带着水獭宝宝一起活动,教水獭宝宝游泳。

幼崽的成长

水獭妈妈在洞穴里养育水獭宝宝两个月,直到水獭宝宝睁开眼睛,长出毛,能够下水。开始外出后,水獭宝宝跟着水獭爸爸和水獭妈妈学习游泳和觅食的本领。一岁后,水獭宝宝就能离开洞穴,独立生活了。

大约1个月后,睁开眼睛。

大约2个月后,开始吃鱼。

大约3个月后,游泳后能独立爬到岸上。

水獭宝宝能顺利觅食之后,水獭一家会争夺食物。

宝宝

妈妈

宝宝

狮子

食肉目	猫科		
体长	140~250 厘米	尾长	70~105 厘米
体重	120~250 千克		
分布	非洲、印度		
食物	哺乳动物、鸟等		

腹部有 4 个乳房。
身体健壮，但乳房小小的。

乳房

狮子的乳房在身体下方，靠近后肢。乳房内充满乳汁的时候，重重的乳房会垂下来，从侧面看上去很明显。

狮子的乳汁富含蛋白质，是确保狮子宝宝拥有健壮身体的主要营养来源。

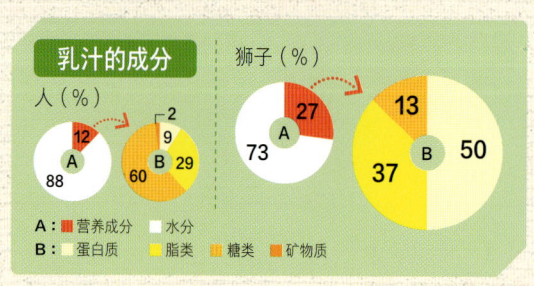

乳汁的成分

人（%）： A 12, 88；B 2, 9, 29, 60

狮子（%）： A 27, 73；B 13, 50, 37

A: ■营养成分 □水分
B: ■蛋白质 ■脂类 ■糖类 ■矿物质

*狮子的乳汁可能也含有矿物质，但没有进行测定。

大型食肉目动物的乳房

食肉目动物，是具有裂齿的食肉动物。其中狮子等大型猫科动物，以勇猛的狩猎姿态闻名；老虎能用粗壮的前肢扑住猎物，它们都有 4 个乳房；猎豹的奔跑速度很快，它们有 12 个乳房。

● 老虎
食肉目猫科
乳房 4个

● 猎豹
食肉目猫科
乳房 12个

42

狮子妈妈躺在地上，完全露出腹部，给狮子宝宝喂奶。狮子宝宝用前肢压着乳房，争先恐后地吃奶。狮子妈妈舒舒服服地任由狮子宝宝吃奶。

妊娠期： 100~119 天
每次分娩产下的幼崽数量： 1~5 只（平均 3 只）
哺乳期： 约 180 天

哺乳方式和育儿方式

用表面粗糙的舌头舔舐狮子宝宝的身体，为宝宝除去寄生虫和脏东西。

等待狮子妈妈来叼自己

去远处的时候，狮子妈妈会叼着狮子宝宝的后脖颈，把狮子宝宝一只一只地叼过去。

狮子妈妈让狮子宝宝在自己身边玩耍。在玩耍的过程中，教给狮子宝宝捕食的本领。

幼崽的成长

1~3 头雄性狮子和几头彼此有血缘关系的雌性狮子组成狮群。雌性狮子除了喂养自己的宝宝，也会给其他狮子的宝宝喂奶。狮子宝宝们一起玩耍，向狮子妈妈们学习捕食的本领。两岁左右后，雄性狮子长出鬃毛。

刚出生的时候
↓
1 周
↓
1 个月

狮子宝宝刚出生的时候，身上有斑点，后来斑点渐渐消失。

大约 3 个月后，开始吃狮子妈妈嚼过的肉。

狮子爸爸

狮子妈妈和雌性狮子宝宝们

3 岁以后，雄性狮子离开狮群。雌性狮子在狮群中度过一生。

河狸（美洲河狸）

啮齿目　河狸科

体长	63.5~76.2 厘米	尾长	22.9~25.4 厘米
体重	13.5~27.0 千克		
发源地	北美洲		
食物	树皮、树枝等		

胸部有两个乳房，腹部有两个乳房。乳房圆滚滚的，很大。

乳房

河狸的乳房位于胸部和腹部。养育幼崽的时候，河狸妈妈圆滚滚的身体会变得更胖，整个腹部看上去都像乳房。

河狸的乳汁含有丰富的脂类。这些脂类能储存在河狸宝宝的皮肤下面，所以河狸宝宝在冰凉的水中也不怕冷。

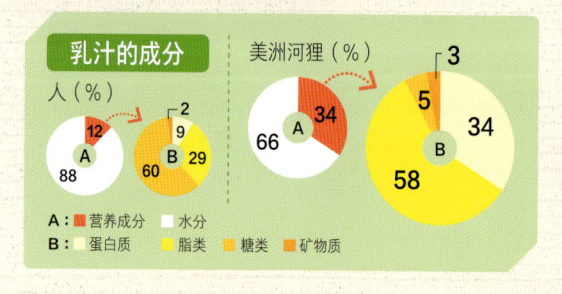

乳汁的成分

人（%）：A 12，88；B 2，9，60，29

美洲河狸（%）：A 34，66；B 3，5，34，58

A：■营养成分　□水分
B：■蛋白质　■脂类　■糖类　■矿物质

有 4~6 个乳房的啮齿目动物

啮齿目动物有个特点，就是前齿会一直生长。啮齿目动物是种类最多的哺乳动物。非洲冕豪猪身上的毛好像针一样，胸部的两个乳房和腹部的两个乳房位于身体的两侧。白颊鼯鼠能展开飞膜在空中滑翔，胸部有两个乳房，腹部有4个乳房。

● **非洲冕豪猪**
啮齿目豪猪科
乳房 4个*

*有的非洲冕豪猪有6个乳房。

● **白颊鼯鼠**
啮齿目松鼠科
乳房 6个

哺乳方式和育儿方式

河狸妈妈在水边的洞穴中坐着喂奶。河狸宝宝吮吸着妈妈圆滚滚的乳房，河狸妈妈紧紧搂着河狸宝宝。长出毛的河狸宝宝，看上去就像河狸妈妈身体的一部分。

妊娠期： 约105天
每次分娩产下的幼崽数量： 1~8只（平均3只）
哺乳期： 40天

河狸妈妈用嘴巴和前肢为河狸宝宝整理全身的毛。

河狸妈妈在陆地上带着河狸宝宝活动时，会用嘴巴叼着河狸宝宝，同时用前肢托住宝宝。

在水中游泳的时候，河狸妈妈也会用前肢和嘴巴抱着河狸宝宝。

幼崽的成长

河狸宝宝一出生，就能四处活动。每当河狸宝宝摇摇晃晃地从洞穴中走出来，就会被家族中的其他河狸带回去。等河狸宝宝学会游泳和自己整理毛之后，河狸家族才会让河狸宝宝独自行动。河狸宝宝会在河狸爸爸和河狸妈妈身边生活两年左右，在这期间学会筑巢等本领。

开始吃草之后，牙齿从白色变为黄褐色。

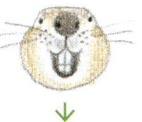

河狸宝宝跟爸爸妈妈和兄弟姐妹学习游泳和潜水。

能帮忙筑巢，说明河狸宝宝很快就能独立生活了。

树枝

袋鼠（红袋鼠）

双门齿目 袋鼠科
- 体长 ● 85~160 厘米
- 尾长 ● 65~120 厘米
- 体重 ● 20~90 千克
- 分布 ● 澳大利亚
- 食物 ● 草等

腹部有 4 个乳房。乳房在育儿袋中。

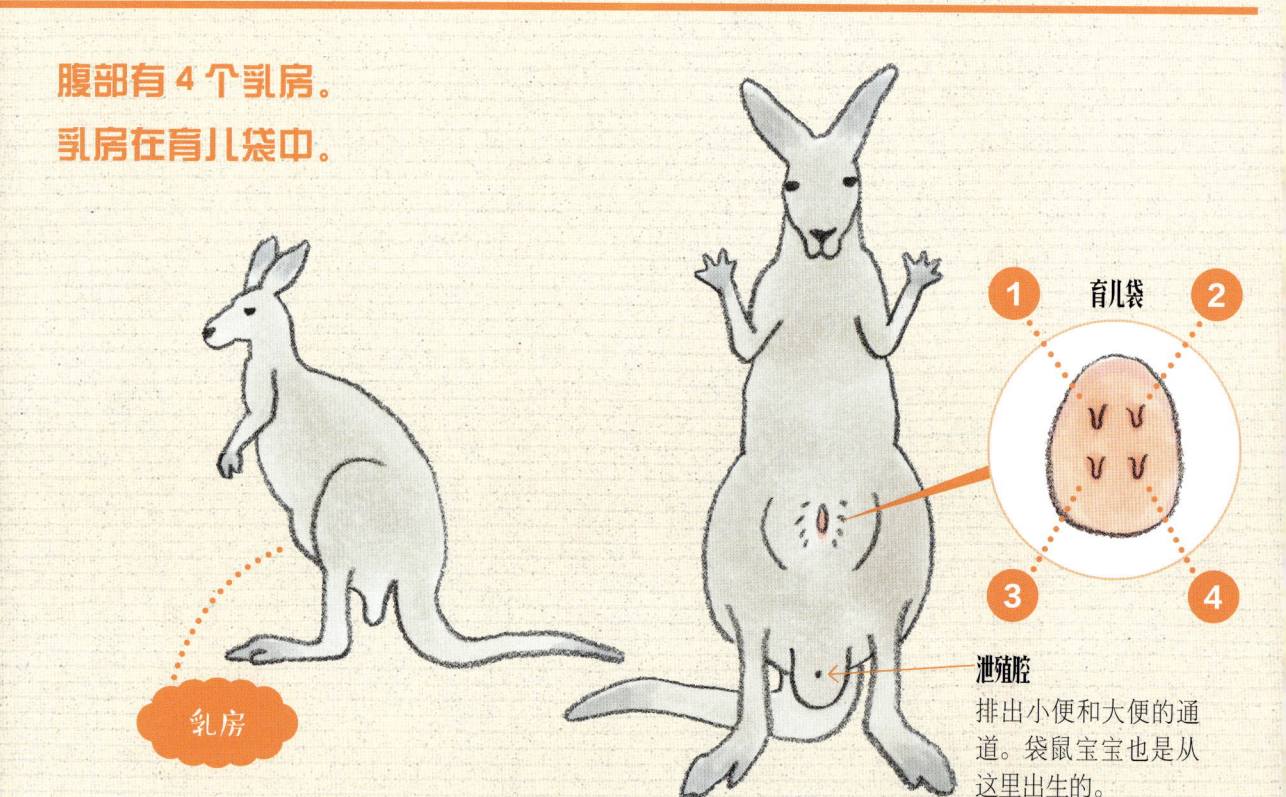

育儿袋

乳房

泄殖腔
排出小便和大便的通道。袋鼠宝宝也是从这里出生的。

和树袋熊一样，袋鼠的乳房也在育儿袋里面。袋鼠的育儿袋很深。和树袋熊的育儿袋不同，袋鼠的育儿袋开口在上部。

袋鼠的乳汁含有丰富的糖类，袋鼠宝宝很容易消化，能很快转化为身体所需的能量。

乳汁的成分

人（%）
- A: 12
- 88
- 2
- 9
- 60
- 29

红袋鼠（%）
- A: 23
- 77
- 6
- 29
- 43
- 22
- B

A ■ 营养成分 □ 水分
B □ 蛋白质 ■ 脂类 ■ 糖类 ■ 矿物质

*这里测定的是红袋鼠宝宝小时候妈妈乳汁的成分。

育儿袋中有 4 个乳房的动物

有育儿袋的动物妈妈，生下的宝宝很小。它们在育儿袋中把宝宝养大，再让宝宝离开育儿袋。这样的生育方式，既能让分娩变得轻松，也能确保宝宝安全长大。圆盾大袋鼠这样的小型袋鼠，用翼膜滑翔的蜜袋鼯，育儿袋中都有 4 个乳房。

● 圆盾大袋鼠
双门齿目袋鼠科
乳房 4 个

● 蜜袋鼯
双门齿目袋鼯科
乳房 4 个

*有的蜜袋鼯有两个乳房。

哺乳方式和育儿方式

袋鼠妈妈和树袋熊妈妈一样，在育儿袋中给宝宝喂奶。育儿袋中有 4 个乳房，但每只袋鼠宝宝只吮吸其中一个乳房。从开始吃奶到断奶，随着袋鼠宝宝的成长，乳汁的成分也在发生变化。

妊娠期： 30~40 天
每次分娩产下的幼崽数量： 1 只
哺乳期： 约 360 天

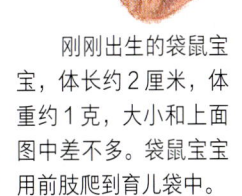

刚刚出生的袋鼠宝宝，体长约 2 厘米，体重约 1 克，大小和上面图中差不多。袋鼠宝宝用前肢爬到育儿袋中。

*图中画出了育儿袋里面的样子。

袋鼠妈妈会舔从育儿袋开口处到身体下部的毛，为刚出生的袋鼠宝宝开路。袋鼠宝宝往育儿袋里面爬时，袋鼠妈妈会守护着袋鼠宝宝。

袋鼠宝宝叼住乳头后，不再松口，乳房就像脐带一样为袋鼠宝宝输送营养。

袋鼠妈妈会舔掉袋鼠宝宝排出的粪便，会打扫、清洁育儿袋。

幼崽的成长

出生大约 8 个月后，袋鼠宝宝从育儿袋中钻出来。之后的一段时间，袋鼠宝宝有时候在育儿袋里面，有时候在育儿袋外面。再过大约 4 个月后，袋鼠宝宝断奶。当袋鼠妈妈不再让袋鼠宝宝进入育儿袋的时候，袋鼠宝宝就开始独立生活。长大后，雄性袋鼠去往别的族群，雌性袋鼠在袋鼠妈妈附近生活。

出生 6~8 个月后，袋鼠宝宝从育儿袋中探出头来，开始吃草。

弟弟或妹妹

从育儿袋中出来以后，袋鼠宝宝还会回到育儿袋里吃奶。袋鼠宝宝喝到的乳汁，和它的弟弟或妹妹喝到的乳汁成分不同。

1 岁左右后，袋鼠妈妈不再让袋鼠宝宝进入育儿袋。袋鼠宝宝开始自立。

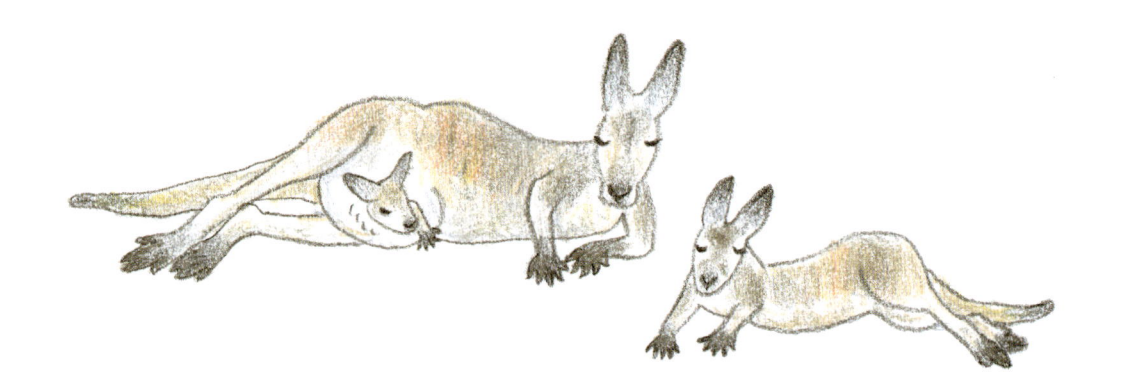

第3章

有6个或更多乳房的动物

狐獴

食肉目　獴科

体长　25~31 厘米　　尾长　17~25 厘米
体重　620~970 克
分布　非洲南部
食物　昆虫、鸟蛋、蝎子、果实等

腹部有 6 个乳房。
直立时，乳房很显眼。

乳房

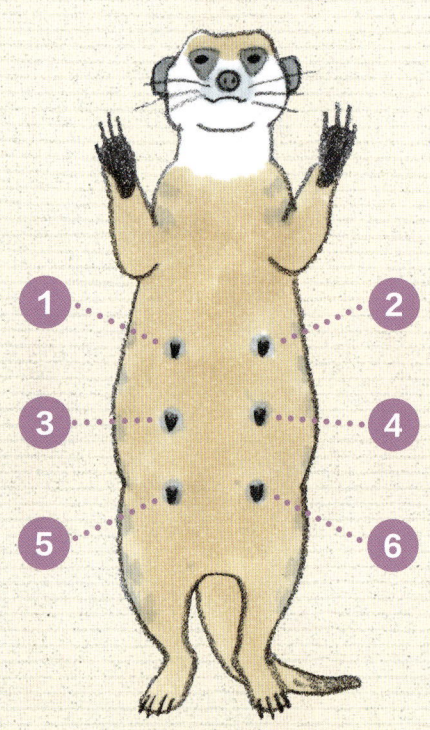

1　2
3　4
5　6

狐獴的乳房位于腹部。当狐獴用后肢直立的时候，我们能够清楚地看到它的乳房。

目前还没有狐獴乳汁成分的研究数据。在动物园中，饲养员有时用牛奶喂养狐獴宝宝。

乳汁的成分

人（%）
A：12　88
B：2　9　29　60

狐獴（%）
？　？

A：■ 营养成分　□ 水分
B：■ 蛋白质　■ 脂类　■ 糖类　■ 矿物质

与狐獴相似的土拨鼠的乳房

狐獴在地下挖隧道、筑巢，过着群居生活。巢穴的出入口，有负责看守的狐獴。当觉察到危险时，负责看守的狐獴会立刻通知同伴，迅速藏到巢穴中。松鼠科动物土拨鼠的生活方式和狐獴的相似。土拨鼠有 8 个或更多的乳房。

● 黑尾土拨鼠
啮齿目松鼠科

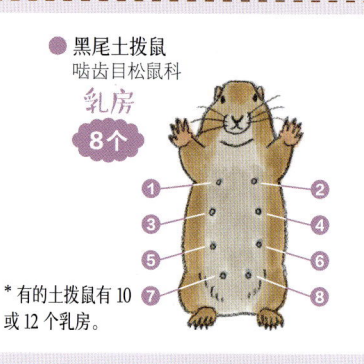

乳房 8 个

1　2
3　4
5　6
7　8

*有的土拨鼠有 10 或 12 个乳房。

每次分娩会生下 1~10 个宝宝。

哺乳方式和育儿方式

狐獴妈妈坐在地上给狐獴宝宝喂奶。吃奶时，狐獴宝宝把头埋在狐獴妈妈圆鼓鼓的肚子上。狐獴妈妈会时刻保持警惕，不时张望四周，确认有没有危险。

妊娠期：约77天
每次分娩产下的幼崽数量：2~5只（平均3只）
哺乳期：28~42天

狐獴爸爸或狐獴哥哥、狐獴姐姐留在巢穴中照顾狐獴宝宝。

为了有充足的乳汁，狐獴妈妈会把狐獴宝宝交给家族其他成员照顾，自己去觅食，吃饱肚子。

一边照看狐獴宝宝，一边守护族群的安全。

狐獴爸爸　狐獴妈妈　狐獴宝宝

寒冷的时候或感到危险的时候，狐獴爸爸和妈妈把狐獴宝宝们围在中间，一家子偎依在一起。

幼崽的成长

狐獴宝宝常常由狐獴爸爸和狐獴哥哥姐姐们照顾。雄性狐獴宝宝学习观察四周、觅食、照顾弟弟妹妹等本领，1岁后离开族群。雌性狐獴帮助狐獴妈妈照顾狐獴宝宝，一直生活在族群中。

出生大约1个月后，狐獴宝宝能够用尾巴撑着身体直立。

出生3个月左右，狐獴宝宝向哥哥姐姐们学习觅食的本领。

狐獴哥哥或姐姐

狐獴弟弟或妹妹

分泌乳汁的雌性狐獴，会给自己的弟弟妹妹喂奶。

狼（灰狼）

食肉目　犬科
- **体长** 82~160 厘米　　**尾长** 32~56 厘米
- **体重** 18~80 千克
- **分布** 欧洲、亚洲、北美洲
- **食物** 哺乳动物等

胸部有两个乳房，腹部有4个乳房，后肢之间有两个乳房，一共有8个乳房。

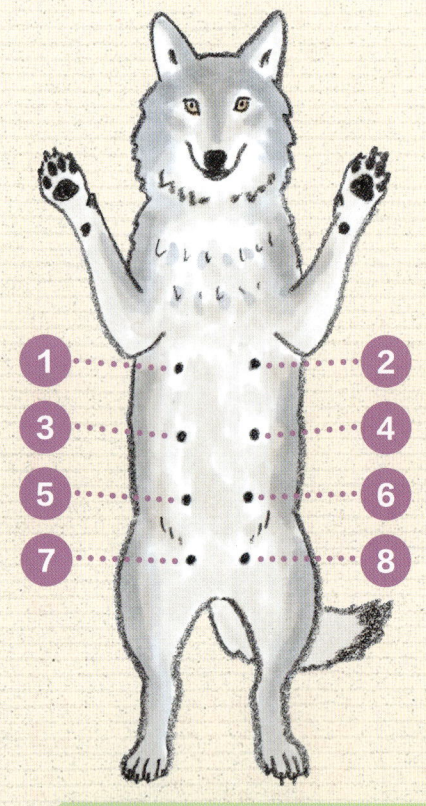

春天到来后，母狼的长毛会脱落，乳房变得很明显。狼妈妈好像在为将要出生的狼宝宝做准备，方便狼宝宝吃奶。

狼的乳汁含有丰富的营养成分，所以狼宝宝长得很快。

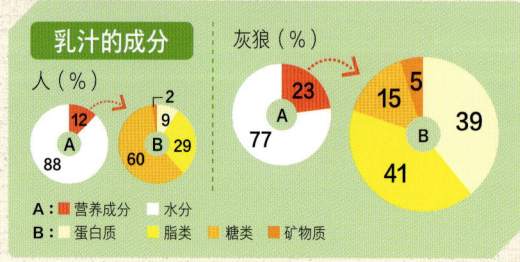

乳汁的成分

人（%）：A 12，88；B 2，9，29，60
灰狼（%）：A 23，77；B 5，15，39，41

A：■营养成分　□水分
B：■蛋白质　■脂类　■糖类　■矿物质

与狼相似的鬣狗的乳房

据研究，狼和狗有共同的祖先。狼的鼻端细长、向前突出，这一点和狗很像。食肉动物鬣狗和狼不一样，鼻端短，下颚胖，脸圆。斑鬣狗有两个乳房，位于后肢之间。

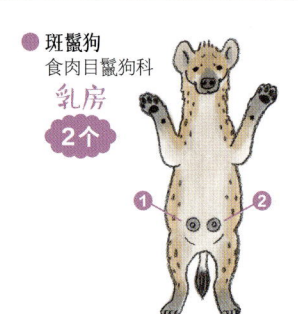

● 斑鬣狗
食肉目鬣狗科
乳房 2个

鬣狗宝宝的身体黑乎乎的。母鬣狗每次分娩可产下1~4只幼崽。

哺乳方式和育儿方式

狼妈妈站着喂奶。就算狼妈妈想躺下慢慢喂奶，饥饿的狼宝宝们也等不及。狼宝宝们扑过来，用前肢按着乳房，啊呜啊呜迫不及待地吃奶。狼妈妈四肢叉开，稳稳地站着。

妊娠期： 约60天
每次分娩产下的幼崽数量： 1~11头（平均6头）
哺乳期： 56~70天

生下狼崽之后，狼妈妈会在巢穴里待一个月左右，养育狼宝宝。狼群中的同伴会给狼妈妈送来食物。

狼群中的同伴

狼妈妈会舔舐狼宝宝的屁股，帮助狼宝宝排便。狼妈妈还会把狼宝宝排出的粪便吃掉。

狼妈妈嚎叫时，狼群会跟着嚎叫，让狼宝宝跟着学。

幼崽的成长

狼过着家族群居生活。狼宝宝出生大约1个月后，从巢穴中出来，在外面活泼地玩耍。狼宝宝一边学习和同伴相处、觅食等本领，一边长大。

家族成员

和狼哥哥、狼姐姐在一起

和兄弟姐妹一起玩耍，比试力气。

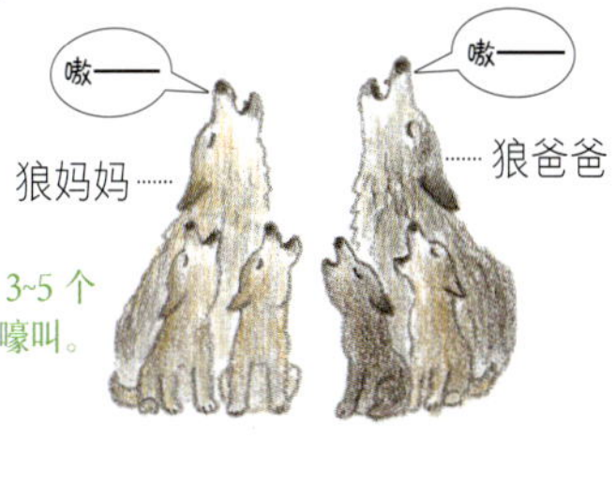

狼妈妈　狼爸爸

出生大约1个月后，狼宝宝开始吃狼群成员吐出来的肉。

出生大约3-5个月后，开始嚎叫。

狐狸（赤狐）

食肉目	犬科		
体长	45~90 厘米	尾长	30~56 厘米
体重	3~14 千克		
原产地	亚洲、欧洲、非洲北部、北美洲		
食物	野兔、田鼠、昆虫、鸟蛋等		

胸部有两个乳房，腹部有4个乳房，后肢之间有两个乳房，一共有8个乳房。

狐狸妈妈生下狐狸宝宝之后，乳房从靠近后肢的两个开始蓄积乳汁，变得膨大。

狐狸的乳汁含有丰富的蛋白质、脂类、糖类，能为狐狸宝宝的成长打下一个好基础。

乳汁的成分

人（%）: A 12 / 88；B 脂类 60、糖类 29、蛋白质 9、矿物质 2

赤狐（%）: A 18 / 82；B 脂类 32、糖类 26、蛋白质 37、矿物质 5

A: ■营养成分　□水分
B: ■蛋白质　■脂类　■糖类　■矿物质

哺乳方式和育儿方式

狐狸妈妈站着喂奶。春天，狐狸妈妈在巢穴中生下狐狸宝宝。大约一个月之后，它们才从巢穴中出来。狐狸宝宝们在一起活泼地玩耍，成长得很快。

狐狸爸爸和狐狸姐姐等家族成员一边照顾狐狸宝宝，一边教给它们觅食的本领。秋天的时候，狐狸宝宝就能离巢自立了。

妊娠期： 约50天　**每次分娩产下的幼崽数量：** 2~7只（平均4只）　**哺乳期：** 约50天

貉

食肉目	犬科		
体长 ● 50~59 厘米		尾长 ● 13~20 厘米	
体重 ● 4~6 千克			
原产地 ● 中国、日本等			
食物 ● 小动物、果实等			

胸部有两个乳房，腹部有4个乳房，后肢之间有两个乳房，一共有8个乳房。

从前肢的根部到后肢的根部，貉一共有8个乳房。换成夏毛之后，貉腹部的毛变稀疏，能清楚地看到乳房。

貉的乳汁含有丰富的蛋白质和糖类，所以貉宝宝成长得很快。

乳汁的成分

人（%）
A: 12, 88
B: 2, 9, 60, 29

貉（%）
A: 19, 81
B: 5, 42, 18, 35

A：■营养成分 □水分
B：□蛋白质 ■脂类 ■糖类 ■矿物质

哺乳方式和育儿方式

貉妈妈站着喂奶。貉宝宝钻到貉妈妈身体下方吃奶。

貉爸爸也会非常耐心地照顾貉宝宝。从春天到夏天，貉宝宝和家族成员生活在一起，向家族成员学习生存本领。秋天时，貉宝宝开始独立生活。

妊娠期：60~65 天　**每次分娩产下的幼崽数量**：4~6 头（平均5头）　**哺乳期**：45~60 天

野猪（欧亚野猪）

偶蹄目	猪科
体长	120~150 厘米　　肩高　60~75 厘米
体重	90~200 千克
原产地	欧洲、亚洲
食物	树根、果实、草、小动物等

腹部一共有 10 个乳房。
乳房圆滚滚的。

乳房

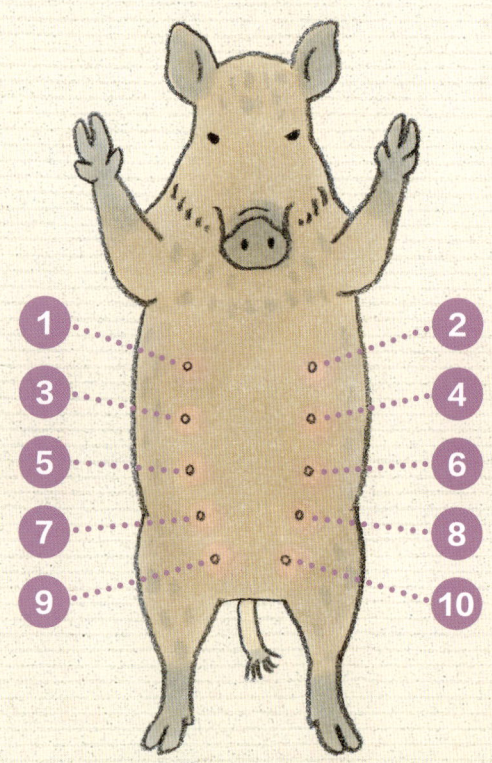

野猪妈妈的乳房涨大时，周围的毛会显得稀疏，能看到毛下面粉红色的皮肤。

野猪的乳汁含有丰富的蛋白质。这样的乳汁会让野猪宝宝们有强壮的身体，能在山野中四处活动。

乳汁的成分

人（%）
A 12　88
B 2　9　29　60

欧亚野猪（%）
A 17　83
B 6　22　42　30

A: ■营养成分　□水分
B: ■蛋白质　■脂类　■糖类　■矿物质

野猪同类动物的乳房

野猪这种野生动物，是猪的祖先。野猪的鼻子很粗，向前突出，非常灵活、有力。生活在非洲的红河野猪，身体是红色的，有6个乳房。生活在美洲的领西猯，是野猪的近亲，有4个乳房。

● 红河野猪
偶蹄目猪科
乳房 6个

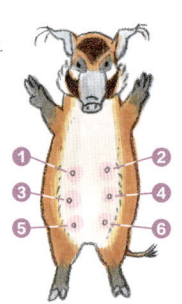

● 领西猯
偶蹄目西猯科
乳房 4个

哺乳方式和育儿方式

野猪妈妈舒舒服服地躺着给野猪宝宝喂奶。每个野猪宝宝都有自己的专用乳房，所以，野猪宝宝不会和兄弟姐妹争夺乳房。先吃饱的野猪宝宝会向野猪妈妈表示"我吃饱了"，野猪妈妈也会用鼻子回应野猪宝宝。

妊娠期：114~120 天
每次分娩产下的幼崽数量：4~12 头（平均 6 头）
哺乳期：约 90 天

野猪妈妈收集树枝和草，建一个有顶的巢穴，在里面生宝宝。野猪宝宝很小的时候，野猪妈妈会在巢穴里照顾它们。

有时候，野猪妈妈对野猪宝宝很严厉。不能吃奶的时候，就算野猪宝宝缠着妈妈要奶吃，野猪妈妈也不给它们吃。

野猪妈妈教野猪宝宝在泥坑里打滚，清除身上的寄生虫。

幼崽的成长

野猪宝宝身上有花纹，看上去很像野生的瓜，所以被叫作"瓜崽"。野猪宝宝跟着野猪妈妈活动，学习鼻子的使用方法。出生一年后，到了春天，野猪宝宝和野猪妈妈分开，和兄弟姐妹生活一段时间。之后，野猪宝宝开始独立生活。

瓜崽

身上的花纹会在出生 4-5 个月后消失，长出和成年野猪一样的毛。

用鼻子拱地，吃植物的根。

跟着野猪妈妈，在山野和河流旁活动，得到锻炼。

野猪妈妈

水豚

啮齿目　水豚科
- **体长** 106~134 厘米
- **体重** 35~66 千克
- **原产地** 美洲
- **食物** 树皮、草等

胸部有 4 个乳房，腹部有 6 个乳房，后肢之间有两个乳房，一共有 12 个乳房。

乳房

从前肢的根部到后肢的根部，水豚有 12 个乳房。水豚宝宝吃奶的时候，长在水豚妈妈粗毛间的小小的乳头会露出来。

目前，人们还没有对水豚乳汁的成分进行研究。

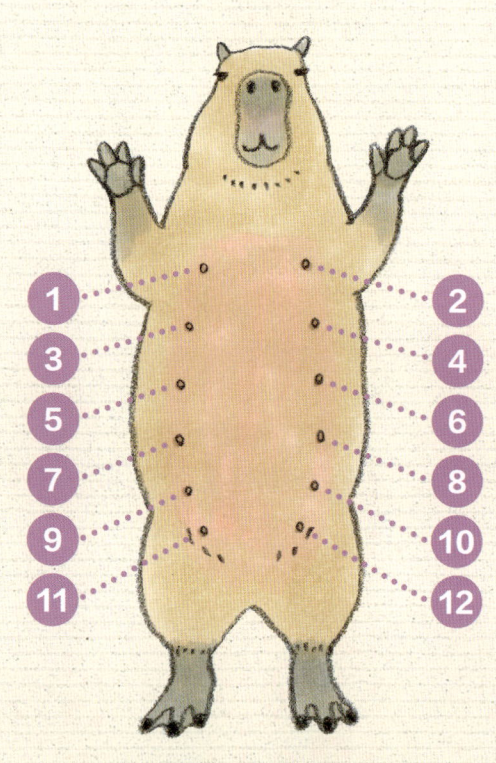

乳汁的成分

人（%）
- A：12
- 88

- B：2、9、29、60

水豚（%）
- ？
- ？

A：■营养成分　□水分
B：□蛋白质　■脂类　■糖类　■矿物质

有 8 个乳房的啮齿目动物

继河狸之后，这里继续介绍有 8 个乳房的啮齿目动物。四肢细长的巴塔哥尼亚豚鼠，是啮齿目动物中大小仅次于水豚的动物。松鼠也是啮齿目动物，它们在树上筑巢，松鼠妈妈生下松鼠宝宝后，在巢中给松鼠宝宝喂奶。

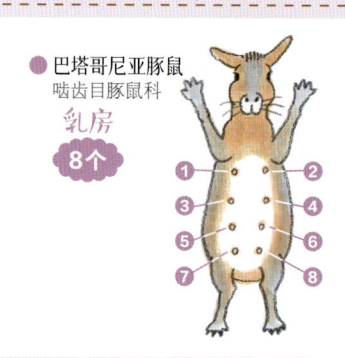

● **巴塔哥尼亚豚鼠**
啮齿目豚鼠科
乳房 8 个

● **松鼠**
啮齿目松鼠科
乳房 8 个

*有的松鼠有 6 个乳房

哺乳方式和育儿方式

水豚妈妈站着喂奶。水豚宝宝出生的时候,眼睛就睁开了,身上长着毛,和水豚妈妈长得一样。当族群中其他成员生下的水豚宝宝扑过来要奶吃时,水豚妈妈会像喂自己的孩子一样,给它喂奶。

妊娠期: 120~150 天
每次分娩产下的幼崽数量: 4~6 只(平均 5 只)
哺乳期: 60~120 天

生完宝宝三四天后,水豚妈妈带着水豚宝宝加入族群,和族群成员一起行动。

在水豚宝宝能独立游泳之前,水豚妈妈游泳时会让水豚宝宝趴在自己身上。

水豚妈妈
水豚爸爸

休息的时候,水豚妈妈和水豚爸爸一起守护水豚宝宝。

幼崽的成长

一只雄性水豚、几只雌性水豚和水豚宝宝,组成一个族群。虽然水豚宝宝出生的时候模样和水豚爸爸妈妈一样,但一年之后才算成年。雄性水豚宝宝一岁后,通常会被水豚爸爸赶出族群。

水豚宝宝出生的时候就有牙,大约 1 周后开始吃草等食物。

学着水豚妈妈的样子,咀嚼木头和石头,学会磨门齿。

大约 1 岁左右时,换为成年水豚的毛。雄性水豚宝宝的鼻子前端变黑。

雌性

雄性

无尾猬

食虫目　无尾猬科
体长　25~39 厘米　　**尾长**　约 1 厘米
体重　1.5~2.4 千克
分布　非洲（马达加斯加岛和科摩罗群岛）
食物　昆虫、蚯蚓、果实等

从胸部往后，有 24 个乳房！
它是乳房最多的哺乳动物！

乳房

　　从前肢到后肢之间，无尾猬一共有 24 个乳房。无尾猬是乳房最多的哺乳动物。人们还没有对无尾猬乳汁成分进行过专门的研究。

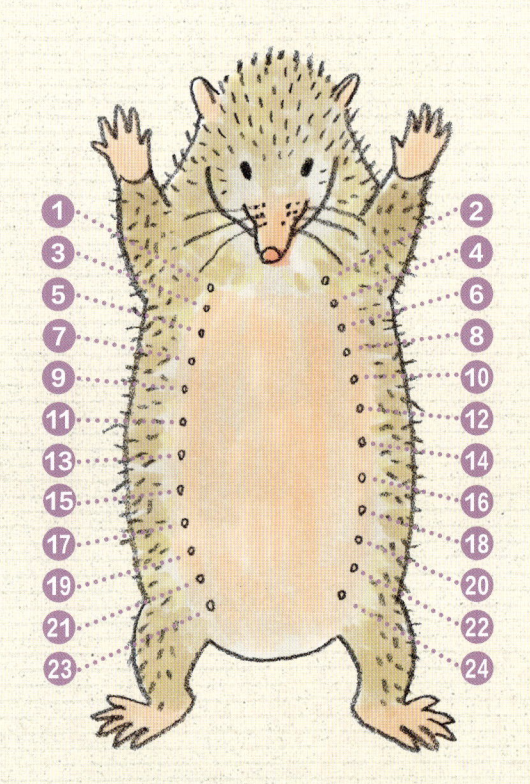

乳汁的成分

人（%）
A: 88, 12
B: 60, 29, 9, 2

无尾猬（%）
? ?

A: ■ 营养成分　□ 水分
B: □ 蛋白质　■ 脂类　■ 糖类　■ 矿物质

和无尾猬相近的动物的乳房

　　研究认为，无尾猬是哺乳动物中比较原始的动物。和无尾猬比较相近的动物——鼹鼠，同样是鼻端细长、身体矮墩墩的，它们有 8 个乳房。身上覆盖着针一样的毛的刺猬，有 8 个乳房。这些动物的乳房数量和无尾猬的相比，相差很大。

● **小缺齿鼹**
食虫目鼹科
乳房 8 个

● **四趾刺猬**
猬形目猬科
乳房 8 个

* 有些刺猬有 4 个、6 个或 10 个乳房。

哺乳方式和育儿方式

无尾猬妈妈躺在巢穴中，给无尾猬宝宝喂奶。无尾猬宝宝的嘴巴很小，妈妈小小的乳头很适合它们。无尾猬宝宝们争前恐后地叼住奶头，卖力地吃奶。无尾猬妈妈静静地等着，直到无尾猬宝宝们吃饱肚子。

妊娠期： 56~64 天
每次分娩产下的幼崽数量： 12~20 只（平均 15 只）
哺乳期： 约 180 天

无尾猬妈妈把无尾猬宝宝留在巢穴里，不分昼夜地出来觅食。为了有足够的乳汁，无尾猬妈妈得吃很多东西。

蛇在温度合适的时候才出来觅食。蛇接近无尾猬时，无尾猬妈妈会让无尾猬宝宝四散逃跑，这样可以迷惑蛇。

从巢穴中出来的时候，无尾猬妈妈会先在出入口闻一闻气味，确认安全之后，再带宝宝出来。

幼崽的成长

无尾猬宝宝刚出生时，身上有黑色的花纹。在草丛和向阳地，无尾猬宝宝的毛色能和周围的环境融为一体，不容易被发现。无尾猬宝宝逐渐学会以妈妈为中心，齐心协力逃离敌害或者攻击敌害。长大后，无尾猬宝宝会离开巢穴，开始独立生活。

当身上的花纹消失，换成和成年无尾猬一样的毛时，小无尾猬就开始进行夜间活动了。

浑身的毛竖立，一动不动，和周围的环境融为一体，保护自己。

嘴巴张得大大的，吓唬敌害，有时候也会咬住敌害。

啾！啾！

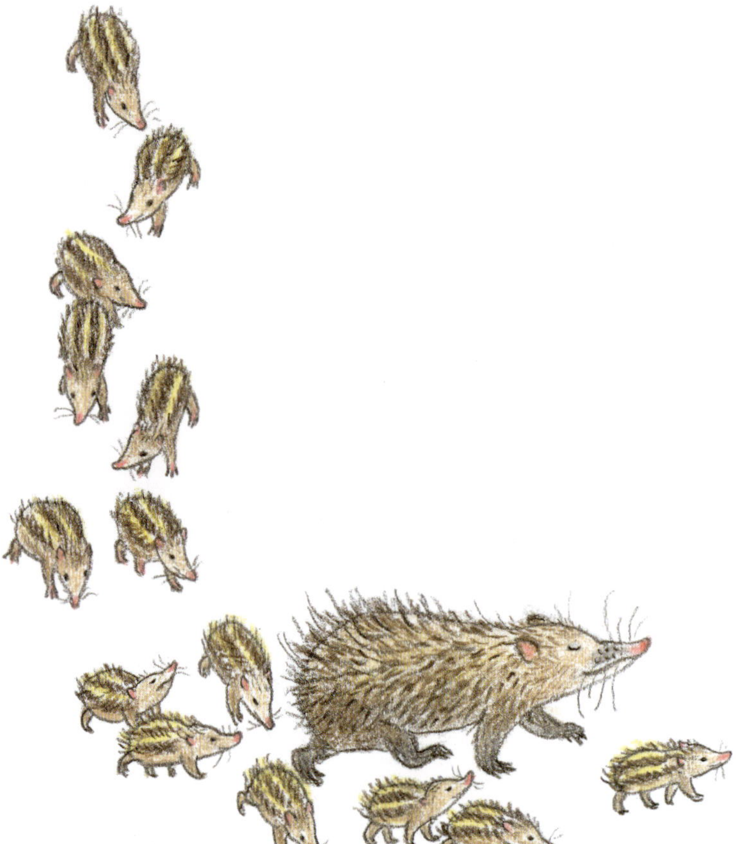

# 第 4 章

和人类一起生活的动物的乳房

牛（荷斯坦牛）

偶蹄目　牛科
肩高　●雄性：约 152 厘米　　雌性：约 140 厘米
体重　●雄性：约 1100 千克　　雌性：约 670 千克
原产地　●荷兰

后肢之间有 4 个乳房。乳房很大。

牛的乳房在后肢的中间，非常大。牛的乳房鼓鼓的，像一个袋子，看上去很重。

牛的乳汁，就是我们喝的牛奶。牛奶含有丰富的蛋白质和矿物质，高于人的乳汁中蛋白质和矿物质的含量。

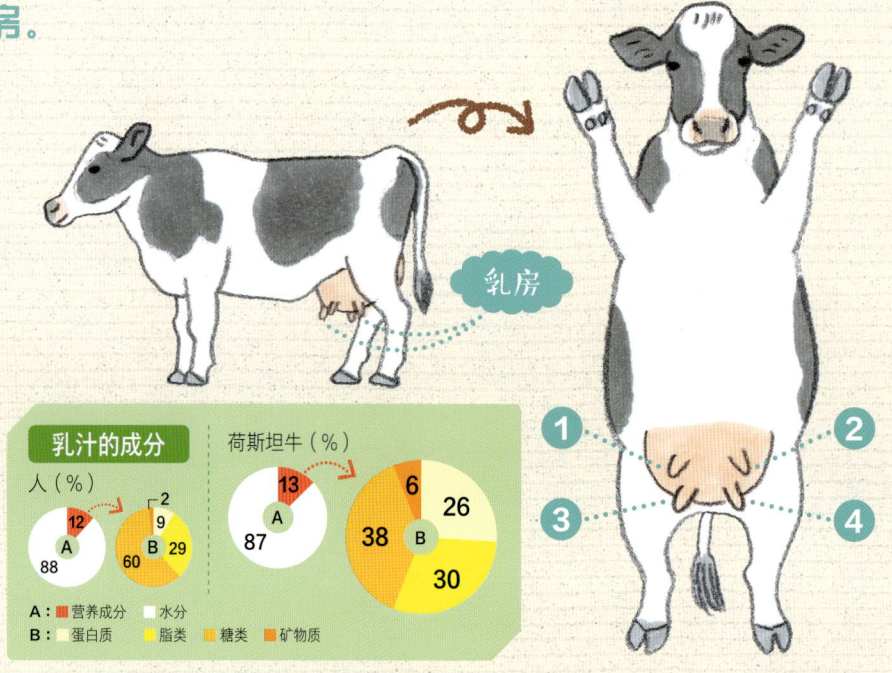

乳汁的成分

人（%）
A 88　12
B 60　29　9　2

荷斯坦牛（%）
A 87　13
B 38　30　26　6

A ■营养成分　□水分
B □蛋白质　□脂类　■糖类　■矿物质

哺乳方式和育儿方式

牛妈妈站着喂奶。牛宝宝无论从前面，还是从后面、从侧面都能喝到奶。牛宝宝叼着长长的奶头，舌头和下颚用力吮吸，大口大口地喝奶。牛宝宝刚出生的时候大约 40 千克重，不到两个月的时间，牛宝宝的体重就会超过 80 千克。

妊娠期：约 283 天　　每次分娩产下的幼崽数量：1 头　　哺乳期：约 60 天

猪（长白猪）

偶蹄目　猪科
体重　雄性：约 450 千克　雌性：约 270 千克
原产地　丹麦

从前肢根部后方到后肢之间，有 14 个乳房。

猪的乳房排列在前肢根部的后方。研究认为，家养猪的乳房比野猪的数量多，这是因为家养猪每次生下的猪宝宝数量更多。

猪的乳汁很浓稠，含有丰富的脂类。不用吃太多乳汁，猪宝宝就能吃饱。

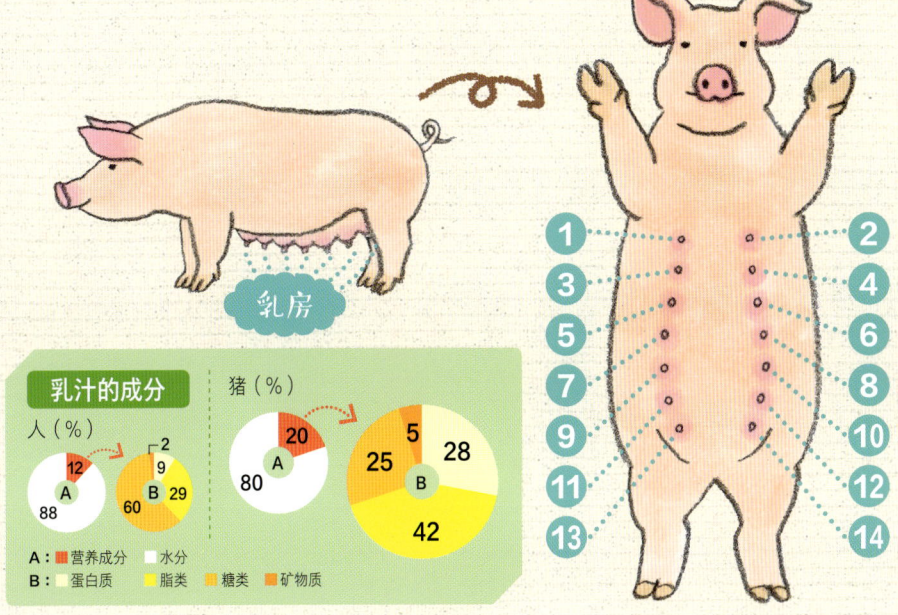

乳汁的成分

人（%）
A：12／88
B：2／9／29／60

猪（%）
A：20／80
B：5／25／28／42

A：■ 营养成分　□ 水分
B：□ 蛋白质　■ 脂类　■ 糖类　■ 矿物质

哺乳方式和育儿方式

猪妈妈侧躺着喂奶。猪宝宝们排着队，叼着自己的专属奶头，这一点和野猪相同。据说，越靠近前肢的乳房，奶水越多。猪的乳汁非常浓稠。出生大约两周后，猪宝宝的体重就会翻倍。

妊娠期： 约 114 天
每次分娩产下的幼崽数量： 平均 10 头
哺乳期： 约 50 天

山羊

偶蹄目　牛科
体高　● 雄性：55~60 厘米　　雌性：50~55 厘米
体重　● 雄性：40 千克　　雌性：30 千克
原产地　● 亚洲

后肢之间有两个乳房。
乳房的末端尖尖的。

　　山羊妈妈的乳房里储存着丰富的乳汁，乳房膨大、下垂，是粉红色的。

　　山羊的乳汁糖类含量高，容易消化，口感润滑。据说，羊奶十分适合人类肠胃吸收。

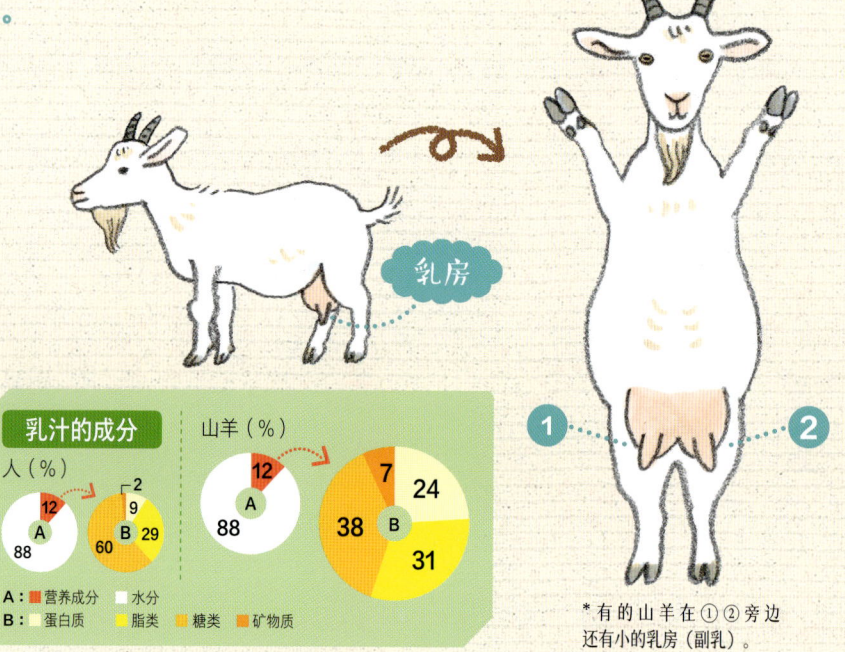

乳房

① ②

* 有的山羊在①②旁边还有小的乳房（副乳）。

乳汁的成分

人（%）：A 88，12；B 60，29，9，2

山羊（%）：A 88，12；B 38，31，24，7

A：■ 营养成分　□ 水分
B：□ 蛋白质　■ 脂类　■ 糖类　■ 矿物质

哺乳方式和育儿方式

　　山羊妈妈站着喂奶。山羊宝宝叼住乳头，使劲向上挤压乳房。如果山羊宝宝太用力，山羊妈妈会不让宝宝叼住乳头。山羊妈妈会教给宝宝正确的喝奶方式。山羊宝宝依偎在妈妈身边，出生后20天左右，山羊宝宝的体重就能增加一倍。

妊娠期：约150天　　每次分娩产下的幼崽数量：1~3头　　哺乳期：约90天

绵羊（考力代羊）

偶蹄目　牛科

体重 ● 雄性：80~110 千克　雌性：60~70 千克
原产地 ● 新西兰

后肢之间有两个乳房。
乳房上没有毛。

绵羊的乳房也在后肢之间。乳房上没有浓密的毛，看上去是粉红色的。

绵羊的乳汁含有丰富的营养，很浓稠。绵羊奶的特点是脂类含量高。

乳汁的成分

人（%）
A: 12 / 88
B: 2 / 9 / 60 / 29

绵羊（%）
A: 18 / 82
B: 5 / 26 / 41 / 28

A: ■ 营养成分　□ 水分
B: □ 蛋白质　■ 脂类　■ 糖类　■ 矿物质

乳房　① ②

*有的绵羊在①②的旁边还有小的乳房（副乳）。

哺乳方式和育儿方式

绵羊妈妈也是站着喂奶。绵羊宝宝出生两周后，体重会增加一倍，之后成长速度会慢下来。绵羊妈妈会舔舔绵羊宝宝，记住绵羊宝宝的气味。所以即使绵羊宝宝在羊群中，绵羊妈妈也能分辨出自己的孩子。

妊娠期：约147天　**每次分娩产下的幼崽数量**：1~2只（一般1只）　**哺乳期**：90~120天

猫

食肉目 猫科
起源地 ● 古埃及

胸部有两个乳房，腹部有4个乳房，后肢之间有两个乳房，一共有8个乳房。

猫有8个乳房。和体形大的狮子相比，体形小的猫，乳房的数量更多。

猫的乳汁含有大量的蛋白质，有利于猫宝宝长出柔韧有力的肌肉。猫的乳汁还含有丰富的脂类，这是猫宝宝体重增长必不可少的营养成分。

乳汁的成分

人（%）
A: 12, 88
B: 2, 9, 60, 29

猫（%）
A: 26, 74
B: 14, 41, 41, 4

A ■ 营养成分 □ 水分
B ■ 蛋白质 ■ 脂类 ■ 糖类 ■ 矿物质

乳房

1 2 3 4 5 6 7 8

哺乳方式 和育儿方式

猫妈妈侧卧着喂奶。猫宝宝出生的时候，眼睛没有睁开，非常瘦弱。在营养丰富的乳汁的喂养下，大约经过10天，猫宝宝的体重能增加一倍。猫妈妈一直在猫宝宝身旁，舔舐猫宝宝的身体，活动时叼着猫宝宝的后颈。

妊娠期： 约60天　　**每次分娩产下的幼崽数量：** 通常4~6只　　**哺乳期：** 约50天

狗（柴犬）

食肉目　犬科
体长 ● 雄性：38~41 厘米　　雌性：35~38 厘米
原产地 ● 日本

胸部有两个乳房，腹部有 6 个乳房，后肢之间有两个乳房，一共有 10 个乳房。

虽然狗有很多品种，但它们的乳房的数目基本都是 10 个。

狗的乳汁含有丰富的脂类。狼和狗有相同的祖先。比一比，看看狼的乳汁和狗的乳汁成分是不是相似？

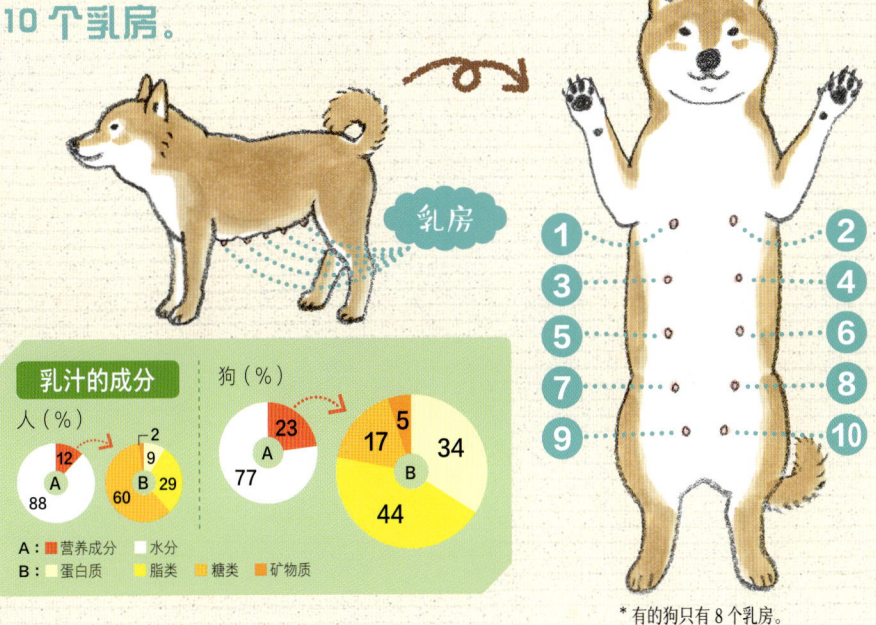

乳汁的成分

人（%）: A 12, 88；B 2, 9, 60, 29
狗（%）: A 23, 77；B 5, 17, 34, 44

A：■ 营养成分　□ 水分
B：□ 蛋白质　■ 脂类　■ 糖类　■ 矿物质

* 有的狗只有 8 个乳房。

哺乳方式和育儿方式

狗妈妈侧卧着喂奶。狗宝宝你争我抢地吮吸奶水多的乳头。大约 9 天，狗宝宝的体重就能增加一倍。就算是淘气的狗宝宝咬疼了狗妈妈，狗妈妈也不会停止喂奶。不过，狗宝宝断奶后，狗妈妈会严格地训练狗宝宝，让狗宝宝学会成年后的规则。

妊娠期：约 63 天　　**每次分娩产下的幼崽数量**：2~5 只（平均 4 只）　　**哺乳期**：约 30 天

兔子（侏儒兔）

兔形目　兔科
体重 ● 0.9~1.2 千克
原产地 ● 荷兰

胸部有两个乳房，腹部有 4 个乳房，后肢之间有两个乳房，一共有 8 个乳房。

兔子的乳房藏在柔软的毛里面。胸部的两个乳房（①和②）位于前肢根部的前方。

兔子的乳汁非常浓稠，很少的乳汁就能给兔子宝宝提供充足的能量。这是因为兔子的乳汁大约一半营养成分是脂类。

乳房

乳汁的成分

人（%）
A: 12 / 88
B: 9 / 60 / 29 / 2

穴兔（%）
A: 31 / 69
B: 6 / 52 / 36 / 6

A: ■营养成分　□水分
B: ■蛋白质　■脂类　■糖类　■矿物质

哺乳方式和育儿方式

兔子妈妈站着喂奶，一天喂一次或者两次，每次大约 5 分钟。兔子宝宝出生大约一周后，体重能增加一倍。生完宝宝第二周之后，兔子妈妈排出营养丰富的"盲肠粪便"。兔子妈妈把这样的粪便喂给兔子宝宝吃，为断奶做准备。

妊娠期： 30~32 天　**每次分娩产下的幼崽数量：** 1~10 只（平均 5 只）　**哺乳期：** 约 30 天

仓鼠（黄金仓鼠）

啮齿目　仓鼠科
体重　85~150 克
原产地　以色列、叙利亚、黎巴嫩

一共有 14 个乳房。
乳房排列得很密，之间没有太多空隙。

仓鼠个头儿很小，却有 14 个乳房。不同种类的仓鼠，乳房数量是一样的。

仓鼠的乳汁含有丰富的蛋白质和糖类。仓鼠宝宝成长得很快，不用太长时间就能发育成熟。

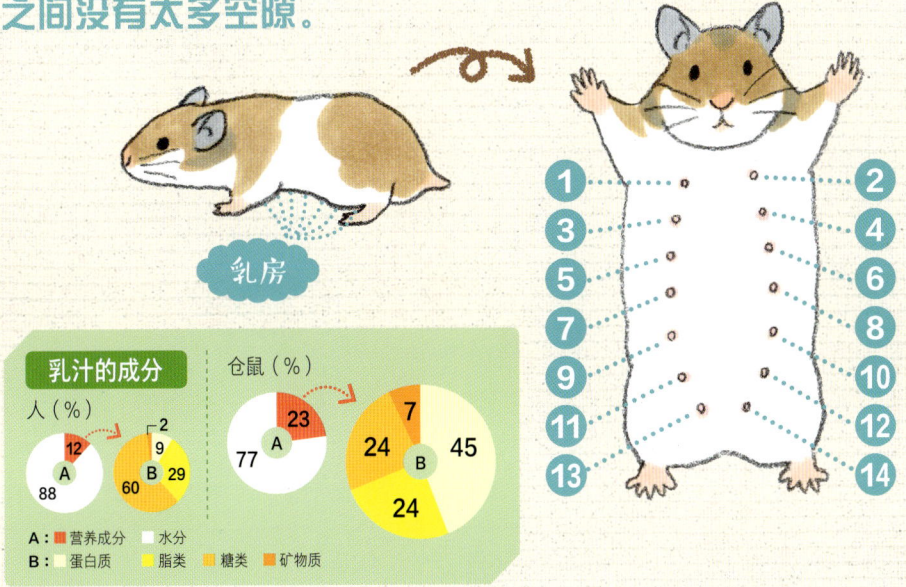

乳房

乳汁的成分

人（%）
A: 12, 88
B: 2, 9, 60, 29

仓鼠（%）
A: 23, 77
B: 7, 45, 24, 24

A：■营养成分　□水分
B：□蛋白质　■脂类　■糖类　■矿物质

哺乳方式和育儿方式

仓鼠妈妈侧卧着喂奶。刚出生的仓鼠宝宝，眼睛虽然还睁不开，但会使劲吮吸乳汁，4 天后体重就能增加一倍。仓鼠妈妈会把摇摇晃晃行走的仓鼠宝宝叼回来，还会为仓鼠宝宝舔粪便。因为仓鼠宝宝的数量很多，仓鼠妈妈会忙得团团转。

妊娠期：约 15 天　　每次分娩产下的幼崽数量：1~15 只（平均 7 只）　　哺乳期：约 21 天

乳房知识小园地

乳汁是妈妈体内制造的、为婴儿准备的食物。乳汁含有丰富的营养和妈妈满满的爱。让我们再来了解一下乳房和乳汁吧。

乳房数量不够？！

豚鼠只有两个乳房，这在啮齿目动物中很少见。但是，豚鼠一般每次会生出3只以上的豚鼠宝宝。豚鼠宝宝出生后，除了吃奶，也能吃草等食物。所以，豚鼠宝宝的数量虽然多，但也能养大。雄性豚鼠的乳房和雌性豚鼠的乳房差不多一样大。

乳房相当于胎盘？！

袋鼠妈妈和树袋熊妈妈肚子里的子宫（孕育宝宝的"小房子"）中用于输送营养的胎盘不发达，所以袋鼠宝宝和树袋熊宝宝出生的时候非常小，要在育儿袋中长大。也就是说，袋鼠妈妈和树袋熊妈妈的育儿袋相当于子宫，育儿袋中的乳房相当于胎盘。

海豚乳汁怎么"挤"？

在水族馆中，人们会为海豚挤奶，用于人工养育和研究小海豚。人们把带着长软管的吸乳器套在海豚的乳头上，把乳汁吸出来。饲养员经常与海豚在一起，得到了海豚的信任，才能这样"挤"奶。

饲养员使用的吸乳器。

吸出来的乳汁

雄性为什么也有乳房？

哺乳动物的身体构造是以雌性为基础的。所以，从妈妈体内出生的时候，雄性和雌性都有乳房的原始形态（乳腺）。

出生后，雄性会发育出有雄性特征的身体构造，乳腺不会发育。雄性的乳头是没有发育的乳房留下的痕迹。

我们也有乳房！

哺乳动物之外的动物有乳汁吗？

除了哺乳动物，很多动物也会哺育后代。有的动物妈妈体内会制造出类似于乳汁的营养物质，让宝宝吃。现在来介绍一下这样的鱼和鸟吧。

鸟的"乳汁"

鸟的身体中有一个部位叫"嗉囊"，鸟会把吃进去的食物暂时存在这里。鸽子、火烈鸟的爸爸妈妈，会把嗉囊"制造"的黏稠的食物吐出来，喂给鸟宝宝。这些黏稠的食物含有丰富的蛋白质和脂类。帝企鹅爸爸也会给帝企鹅宝宝喂这样的黏稠食物。

鸽子吐出的白色黏稠食物，叫作"鸽乳"。

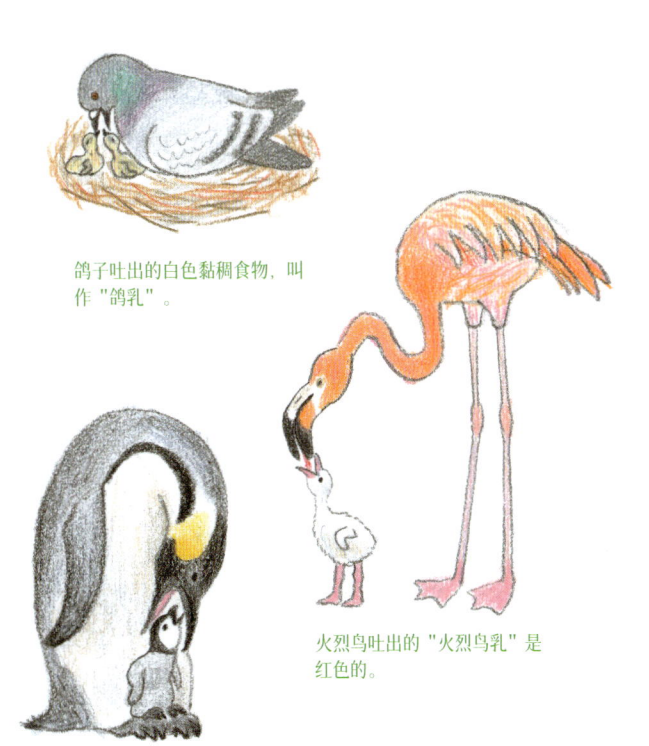

鱼的"乳汁"

神仙鱼是一种淡水鱼，在鱼妈妈产卵几天后，鱼爸爸和鱼妈妈的身体表面会分泌黏液。鱼宝宝会紧紧跟在父母身边，吃这种黏液。黏液的主要成分是蛋白质，被称为"神仙奶"。

帝企鹅吐出的"企鹅乳"是白色的。

火烈鸟吐出的"火烈鸟乳"是红色的。

Sugoi na、Okasan! Dobutsu no Oppaizukan
© 2020 Masae Takaoka, Ai Akikusa
First published in Japan 2020 by Gakken Plus Co., Ltd., Tokyo
Chinese Simplified translation rights arranged with Gakken Plus Co., Ltd.
Through Shanghai To-Asia Culture Co., Ltd.

著作权合同登记 图字：01-2021-3341 号

图书在版编目（CIP）数据

动物也吃奶 /（日）高冈昌江著；（日）秋草爱绘；田秀娟译 . -- 北京：中国少年儿童出版社，2024.1
（趣味动物小百科）
ISBN 978-7-5148-8318-3

Ⅰ.①动… Ⅱ.①高… ②秋… ③田… Ⅲ.①动物 - 儿童读物 Ⅳ.① Q95-49

中国国家版本馆 CIP 数据核字 (2023) 第 204006 号

DONGWU YE CHINAI
（趣味动物小百科）

出版发行：中国少年儿童新闻出版总社
　　　　　中国少年儿童出版社

策划编辑：李晓平	著：[日]高冈昌江
版权引进：王智慧	审定：[日]今泉忠明
责任编辑：李晓平	绘：[日]秋草爱
责任校对：曹 靓	译：田秀娟
装帧设计：张 鹏	责任印务：刘 澂

社　　址：北京市朝阳区建国门外大街丙 12 号	邮政编码：100022
编 辑 部：010-57526355	总 编 室：010-57526070
发 行 部：010-57526258	官方网址：www.ccppg.cn

印刷：北京利丰雅高长城印刷有限公司

开本：787mm×1092mm 1/16	印张：4.625
版次：2024 年 4 月第 1 版	印次：2024 年 4 月第 1 次印刷
字数：150 千字	印数：1-5000 册
ISBN 978-7-5148-8318-3	定价：49.80 元

图书出版质量投诉电话：010-57526069 电子邮箱：cbzlts@ccppg.com.cn